Kurt Menzel

Mein Jagdrevier ist groß und weit

Kurt Menzel

Mein Jagdrevier ist groß und weit

Zeitgemäßes Jagen mit Geschick und Passion

Mit 33 Farbfotos auf 16 Tafeln

Verlag Paul Parey · Hamburg und Berlin

Die Deutsche Bibliothek – CIP-Einheitsaufnahme

Menzel, Kurt:
Mein Jagdrevier ist groß und weit : zeitgemäßes Jagen mit Geschick und Passion / Kurt Menzel. – Hamburg ; Berlin : Parey, 1992
ISBN 3-490-00311-X

Alle Fotos vom Verfasser

 Anschriften: Spitalerstraße 12, D–2000 Hamburg 1; Seelbuschring 9–17, D–1000 Berlin 42. Printed in Germany by Druckerei Rasch, Bramsche. Einbandgestaltung: Evelyn Fischer, Hamburg, unter Verwendung eines Farbfotos des Autors.

ISBN 3-490-00311-X

Inhalt

Jagd im Wandel – Zugleich ein Vorwort

Genau siebzehn Jahre lebe, arbeite und jage ich nunmehr in der Lüneburger Heide, diesem wunderschönen Land. Das von mir verwaltete Forstamt liegt überwiegend auf dem großen Nato-Truppenübungsplatz Bergen in der Südheide. Ganz ohne Zweifel liegt der Schwerpunkt all meiner jagdlichen Aktivitäten im heimischen Revier. Doch Jagd kann man nicht als beruflichen Auftrag erfüllen, wenn da nicht ein gerüttelt Maß an jagdlicher Passion vorhanden ist, die einen immer wieder hinaustreibt. Ein Zeitungsmensch hatte mich einmal gefragt, ob ich denn das „dem-Wild-Nachstellen" nicht eines Tages leid wäre, und ich antwortete ihm, daß wer sich dem Waidwerk einmal verschrieben hat, kaum jemals davon lassen kann. In der Zeitung stand dann am folgenden Tage: „Er selbst kann von der Hirschjagd nie genug bekommen", doch so hatte ich es nicht gesagt.

Gleichwohl habe ich mich jagdlich nicht nur mit den vertrauten Gefilden „meines" Reviers begnügt, sondern – wie es der Titel des vorliegenden Buches ausdrücken soll – Abwechslung und Abenteuer in nah und fern gesucht, jagdliche, versteht sich, denn schließlich bin ich glücklich verheiratet.

Das Problem, ein Buch über eigene Jagderlebnisse und -erfahrungen zu schreiben – es ist ja inzwischen mein drittes – liegt sicher in dem Umstand des vielen „Selberschießens" und der häufige Gebrauch der Ich-Form. Gewiß, man könnte bei der Darstellung der eigenen Erlebnisse und Erfolge eine „erzählerische Verpackungsform" wählen, die Geschehnisse also einer fiktiven Person zuordnen und sich selbst nur als am Rande Stehender beschreiben. Es gibt Autoren, die das schon praktiziert haben. Die eigene Person mehr in den Hintergrund zu stellen, wäre gewiß angezeigt, schon allein deshalb, um sich nicht dem Vorwurf auszusetzen, ein schießwütiger Massenstreckler zu sein. Denn was immer man einem Jäger als Motiv für seinen Umgang mit der Waffe unterstellen mag, es wird immer das finsterste und niedrigste sein. Und noch eines: Wie vielen Jägern ist denn heute noch vergönnt, die Jagd bis zur Neige auszukosten und große Strecken zu machen? Viele müssen sich in vieles teilen. Jäger sollen im Interesse der Gesellschaft und der Umwelt Opfer bringen, sollen bereit sein, Verzicht zu üben.

Doch auch ein anderer Rat wird den Waidmännern unserer Tage gegeben: Seid selbstbewußt, offen und glaubwürdig! Und so will ich denn als einer, der von den Jagdgöttern ein wenig begünstigt wurde, ohne persönliche Deckung und mit offenem Visier über Jagd und Jäger schreiben und nicht dem Zeitgeist folgen, indem ich über den baldigen Niedergang der Jagd und über das mangelnde Verständnis der Gesellschaft für den Jäger lamentiere. Natürlich fragen wir Jägersleute uns heute gelegentlich, warum jagen wir eigentlich noch? Was sind unsere Motive? Passen wir noch in diese Welt der Technik und des Fortschritts, in eine Gesellschaft, die den Tod verdrängt und die Waffen verdammt (tut sie das wirklich?)?

Ganz ohne Zweifel erleben viele Frauen und Männer die Jagd nurmehr bruchstückhaft und in Maßen. Andere müssen – manchmal bis zum Überdruß – einen vermeintlich oder tatsächlich vorhandenen zu hohen Bestand an Schalenwild ‚regulieren'. Allen gemeinsam ist jedoch die Lust am Beutemachen, der Hang zum Erleben der Natur in ihrer ganzen Vielfalt und das Verantwortungsbewußtsein für die gesamte Tier- und Pflanzenwelt. Ohne den persönlichen Einsatz der Jäger ist ein umfassender Naturschutz nicht möglich. Sie sind die Sachwalter der freilebenden Tierwelt. Und weil das auch von den meisten und Verantwortung tragenden Politikern so gesehen wird, gibt es überhaupt keinen vernünftigen Grund, in absehbarer Zeit in unserem Lande das Ende der Jagd herbeizureden.

Unserer Jagd, so wie sie sich im Laufe der letzten Jahrhunderte entwickelt hat, droht nicht deshalb der Untergang, weil sich die Jäger mehr oder minder unqualifizierten Angriffen ausgesetzt sehen. Gewiß, die Gegner der Jagd werden hier und da kompetenter, und die Fragen werden bohrender. Man fordert die Abschaffung der Fallenjagd, das Jagdverbot in Naturschutzgebieten, ein Verzicht auf die Ausbildung von Jagdhunden an lebendem Wild, die Streichung einiger Tierarten aus der Liste der jagdbaren Tiere und damit die Einschränkung der

Niederwildjagd und anderes mehr, doch wer weiterhin ernst genommen werden will, kann meines Erachtens einer totalen Abschaffung der Jagd nicht das Wort reden.

Da hatte unlängst der „Bund gegen den Mißbrauch der Tiere e. V." eine Eingabe an die deutschen und europäischen Parlamente gemacht, wonach das Jagdrecht aufgelöst und im Naturschutzrecht aufgehen sollte. Der Ausdruck „Jagd" war nach Ansicht des Vereins mit allen Abwandlungen in dem Gesetzesentwurf zu vermeiden, „weil er den Menschen als Verfolger und die Mitgeschöpfe aus dem Tierreich als Beute des Menschen darstellt". Eine, wie ich meine, überzogene, kompromißlose Hinwendung zur Tierliebe, die das Tier und nicht den Menschen in den Mittelpunkt der Schöpfung und unser heutiges Leben stellt. Eine „Bekämpfung manchmal auftretender Tierplagen" wird in dem Gesetzesentwurf genauso für unentbehrlich gehalten wie der „schallgedämpfte Kugelschuß". Also doch noch Jagd! Die Abschußpläne bisheriger Art sollen durch „Fang- und Tötungspläne" der Naturschutzbehörde ersetzt werden, was nichts anderes als eine Beibehaltung planmäßiger Wildbewirtschaftung bedeutet. Die Abschüsse haben „geeignete Personen, die ihre Sachkenntis nachweisen müssen", durchzuführen. Also Jäger! Es fehlt nur noch, daß diese Jäger im Auftrag des Naturschutzes bei der Ausübung ihres Handwerks keine Freude zu empfinden hätten und dieses ausdrücklich auch schriftlich zu vermerken sei. Nein, mit solchen Wortklaubereien läßt sich die Jagd nicht totreden.

Viele Menschen halten es geradezu für eine Ehrenpflicht, in den Chor derjenigen einzustimmen, die den Schutz der Natur vor den Bedrohungen der Menschen fordern. Oft übersehen sie, daß ihre Umwelt nicht mehr die reine, ursprüngliche Natur ist, sondern eine Kulturlandschaft. Eine vom Menschen geschaffene Kulturlandschaft. Nur wenige erkennen die Zusammenhänge in der Natur, dieses sensible, vernetzte Zusammenspiel der Kräfte, das Werden und Gehen, das Fressen und Gefressenwerden. Die Jäger, so meine ich, haben sich noch ein Gespür für die Abläufe in der Natur bewahrt. Sie wissen auch, daß man nur dort ernten und nutzen kann, wo man auch schützt, hegt und pflegt. Nicht nur die Wildtiere hegt, sondern auch die Biotope schützt und pflegt, weil die Tiere nur in einem Lebensraum überleben können, der ihren Ansprüchen genügt.

Der Jagd droht sicher erst dann das Aus, wenn die Lebensräume der freilebenden Tiere durch den Menschen eingeengt oder gar zerstört werden, so daß ihr Überleben nicht mehr gesichert ist. Noch sind wir in unseren Breiten davon eine ganze Zeit lang entfernt. Die Schlüsselrolle für die Erhaltung der Umwelt stellt eindeutig die Entwicklung der Bevölkerungszahl dar. Das sollten alle wissen, die sich mit Natur- und Tierschutz befassen. Wer Augen im Kopf hat, der sieht, wie in weiten Teilen der Welt die Bodenzerstörung zunimmt, die Entwaldung voranschreitet, die Gewässer immer mehr verschmutzt werden und das Trinkwasser knapp wird. Die Hauptursache: Zu viele Menschen! Je mehr Menschen die Erde bevölkern, um so größer ist ihr Einfluß auf die Umwelt. Doch während die Weltbevölkerung jährlich um knapp 100 Millionen zunimmt, sagen Wissenschaftler für Nordeuropa keine so besorgniserregenden Zuwachsraten vorher. Im Gegenteil, bei den Deutschen ist die Tendenz sogar fallend. Ein Grund mehr, weiterhin daran zu glauben, daß unsere Lebensräume und damit die Jagd auch noch für künftige Generationen erhalten bleiben.

Genug des Sinnierens und der theoretischen Erörterungen!

Der Verlagsdirektor des um das deutsche Waidwerk so verdienstvollen Verlages Paul Parey hat mir zu erkennen gegeben, daß er in meinem Buch viel Pulverdampf und Hörnerklang erwarte, und das will ich ihm und der Leserschaft nicht vorenthalten.

Hier sollte eigentlich das Vorwort enden. Doch schon ergibt sich ein Ergänzungsbedarf. Die politische Entwicklung, die die beiden Teile des uns verbliebenen Vaterlandes wieder zusammenfügte, erweitert auch für die Forstleute den Rahmen beruflicher Aufgaben. Dadurch ergab es sich, daß in der Zeit zwischen Niederschreiben und Erscheinen dieses Buches sich mein Wirkungskreis vorübergehend in das neue Bundesland Sachsen-Anhalt verlagerte. Genauer gesagt von der Lüneburger Heide in die jagdhistorisch, wald- und wildwirtschaftlich wenigstens den Älteren unter uns kaum weniger bekannte Colbitz-Letzlinger Heide. Was immer das Ergebnis dieser sehr reizvollen aber schwierigen Tätigkeit sein mag, eines kann ich sicher sagen, wenn man einmal auf die Aufbauphase in den neuen Bundesländern zurückblikken wird: Ich bin dabeigewesen.

Über Jagdliches kann und will ich noch nicht berichten. Zu groß sind die Probleme auf allen anderen Gebieten: Verwaltung, Natur- und Umweltschutz, Holzvermarktung, Aus- und Fortbildung, Vergangenheitsbewältigung usw. Aber es ist zu schaffen. Und damit will ich die Anmerkung zur Aktualisierung der Einführungsgedanken in diesem Kapitel beenden.

Zwei alte Recken

Im heimischen Revier jagen wir hauptsächlich Rotwild, und das hat auch seine besonderen Reize. Es ist eine alte Binsenweisheit, daß dort, wo die Rotwildbestände ausgedünnt werden, das Alter der zur Strecke kommenden Hirsche immer geringer wird. Denn es können nach meiner Überzeugung nur auf einer breiten Basis junger und mittelalter Hirsche wirklich alte und reife Trophäen heranwachsen. Wenn schon in der Mittelklasse „geerntet“ wird – also Kronenhirsche vom achten oder neunten Kopf ihr Leben lassen müssen –, dann hört die Rotwildbewirtschaftung auf, naturgemäß und ökosystemgerecht zu sein. Aber Egoismus und überzogenes Besitzdenken – „wenn ich ihn nicht schieße, schießt ihn sicher der Nachbar“ – machen in Zeiten berechtigter oder auch umstrittener Rotwildreduktionen gelegentlich auch vor dem bestveranlagten, jungen Geweihträger nicht halt. Sieht man auf den Hegeschauen dann hier und dort doch mal ein reifes Geweih, dann ist es nicht selten, wie ich mich auf so mancher Schau überzeugen konnte, der Kategorie Fallwild zugeordnet.

Doch ich will von dem Schicksal zweier wirklich alter Recken berichten: Es war ein regnerischer Augustabend in der Heide, als ich mit einem Berliner Jäger ins Revier fuhr, um ihn auf einen geringen Abschußhirsch zu führen. Wir hatten uns auf einem Jägerball kennengelernt. Wer die Situation der Waidmänner dieser damals noch so isolierten Stadt kannte, wird verstehen, daß mir sehr viel daran gelegen war, gerade diese Pürsch erfolgreich abzuschließen. Doch noch war es nicht soweit. Als wir hinausfuhren, überzog ein leichter Nieselregen das Land. Mehr und mehr klarte jedoch der Himmel auf. Erfahrungsgemäß würde das Wild heute recht früh auf den Läufen sein. Und richtig, auf einer vergrasten Waldschneise standen zwei Stück Rotwild, Hirsche! Sie hatten uns ihre Körperpartien zugewandt und ästen eifrig.

Als der eine von ihnen das Haupt erhob, verschlug es mir fast den Atem: Langes, endenreiches Geweih und ein altersgraues Haupt über einem massigen Wildkörper. Selbst der Stadtjäger zu meiner Rechten erkannte auf Anhieb das Außergewöhnliche dieser Begegnung und war von dem Anblick des starken Hirsches fasziniert. Nun war ich gespannt, was der andere wohl auf dem Haupte trug. Seine fahlgelbe Decke und sein breiter Rücken ließen ebenfalls auf ein hohes Alter schließen. Doch er war, wie ich alsbald feststellen konnte, nicht so stark. Zwei in der Form völlig voneinander abweichende Stangen mit je fünf Enden ergaben einen Kronenzehner mittlerer Stärke. Sein Gesicht wirkte jedoch noch greisenhafter als das des Sechzehnenders. Als er einige Schritte nach vorn tat, war mir so, als bereitete ihm das Ziehen ein gewisses Unbehagen. Der Verdacht lag nahe, daß der alte Herr von einem seinen Jahren entsprechenden Rheumatismus befallen war, doch ich sollte erst viel später erfahren, was der wirkliche Grund seiner Behinderung war.

Wir ließen die beiden Hirsche in Ruhe. Sie hatten sich offensichtlich als Sommereinstand ein nur knapp zwei Hektar großes, recht dichtes Fichtenstangenholz erkoren, und das ausgerechnet in unmittelbarer Nähe einer vielbefahrenen Straßenkreuzung. Allerdings hatten sie es von hier aus nicht weit in die angrenzenden Wiesen und Felder, die sie gewiß des nachts aufsuchten. Von Nachstellungen fühlten sie sich hier sicher, denn welcher Mensch würde in dieser unruhigen Lage den Einstand zweier alter, erfahrener Rothirsche vermuten; nicht einmal der zuständige Revierbeamte tat es.

Nun fügte es sich, daß wir in diesem Jahr einen Jagdgast auf einen Erntehirsch erwarteten, dem ich schon eine ordentliche Trophäe gönnte. Peter – so wollen wir ihn nennen – war gerade sechzig geworden und kommt aus der Holzbranche. Als Fachmann macht er sich auch so seine Gedanken über Nutz und Schaden von Rotwildbeständen.

Als wir uns trafen, um über die Bejagung des von mir entdeckten und ihm wärmstens empfohlenen Sechzehnenders zu palavern, überraschte er mich mit einigen kühnen Anmerkungen zum Thema Rotwild, die ich dem geschätzten Leser nicht vorenthalten möchte. „Also“, begann Peter, „ich verstehe die Aufgeregtheit mancher Waldbesitzer über das Rotwild nun gar nicht. Da wird selbst in reinen

Kiefernrevieren über die Schälschäden lamentiert, und jeder weiß doch, daß gerade bei der Kiefer diese Schälwunden rasch überwallen und ausheilen. Und wie sieht es derzeit mit den Holzpreisen aus! Das bei den Durchforstungen anfallende Material muß zu Preisen verkauft werden, die nicht einmal die Kosten decken. Lieber kauft unsere Spanplattenindustrie billige Sägeabfälle im Ausland, als daß sie hier die Preise erhöht. Hat sich denn einer von euch Forstleuten schon einmal Gedanken gemacht über den materiellen Wert des Vorhandenseins von Rotwild? Sind nicht die hohen Pachtpreise für Rotwildreviere auch ein wirtschaftlicher Faktor, der gerade bei der Holzpreismisere mehr denn je zu Buche schlägt?"

„Oh Peter, Du solltest Abgeordneter werden, oder Mitglied des Rechnungshofes oder Richter beim BGH, dann hätte das Rotwild vielleicht noch eine Chance", war alles, was ich da erwidern konnte.

Drei Abende lang saß Peter an. Er hatte sich an der begrünten Schneise einen kleinen Schirm gebaut und beharrlich die von den Straßen ausgehenden Beunruhigungen über sich ergehen lassen. Die beiden Hirsche hatte er nicht gesehen. Schon fühlte er sich von mir ein wenig verschaukelt, da vernahm er am vierten Tag auf der südlichen Flanke des Bestandes Geräusche, die nur von suhlendem Rotwild herrühren konnten. Natürlich, da gab es eine kleine Suhle im angrenzenden Eichenaltholz und eine bescheidene Ansitzleiter, die bei Ostwind dem Unternehmen hätte dienlich sein können!

Tags darauf drehte auf wundersame Weise der Wind von Südwest auf Ost, und Peter saß erwartungsvoll auf der bemoosten Leiter. Schon bald neigte sich der warme Sonnentag dem Ende. Mücken und Gnitten schwirrten umher, und es wollte nicht so recht kühl werden. Da erschienen mit bedächtigen Schritten die beiden alten Einzelgänger an dem schmutzig-trüben Wasserloch und nahmen in dem Morast ein erquickendes Bad. Ein Trupp jüngerer Hirsche, der Gleiches vorhatte, blieb in respektvoller Entfernung zu den beiden Alten am Bestandesrand stehen.

Peter hatte nun ausreichend Zeit und Gelegenheit, die beiden Hirsche eingehend zu studieren. Die Kronen des Sechzehnenders entsprachen genau meiner Beschreibung, so daß der Entschluß, welchen der beiden er zu schießen hätte, recht leicht fiel. Daß der alte Kronenzehner kein ganz gewöhnliches Rheuma hatte, sondern an einer alten, längst verheilten Vorderlaufverletzung litt, das konnte er deutlich erkennen. Der Hirsch setzte diesen Lauf zwar nur zögerlich auf, doch war er hier aus tierschützerischer Sicht nicht sogleich totzuschießen. Er erfreute sich genauso seines Lebens wie sein Weggefährte. Nicht jede leichte Verletzung ist ein Abschußgrund, und jeder Jagdleiter tut gut daran, auf Drückjagden laufkranke Geweihträger grundsätzlich nicht freizugeben, da manchem Jagdteilnehmer dann der Schießfinger zu locker sitzt.

Als die Hirsche sich nach Art nasser Hunde trockengeschüttelt hatten und im Begriff waren, wieder in das Stangenholz einzuwechseln, ereilte den Sechzehnender sein Schicksal. An der richtigen Stelle getroffen, macht er nur einige ungelenke Fluchten und verendete in dem flachen Graben neben dem Waldweg, so daß Peter später bemerkte, er sei sehr transportgünstig zusammengebrochen. Peter war überglücklich. Wem ist es schon vergönnt, zum sechzigsten Geburtstag solch einen Hirsch zu strecken!

Der Sechzehnender war nun tot, aber es beschäftigte mich die Frage, was wohl aus seinem treuen Begleiter geworden war. Würde er allein in dem kleinen Stangenholz verbleiben oder würde er nach dem Verlust seines Gefährten, mit dem er so viele Tage seines langen Lebens verbracht hatte, ruhelos umherziehen und sich einen anderen Einstand suchen? Er blieb nicht am alten Ort. Peter hatte sich sogleich angeboten, noch einige Abende an der Suhle anzusitzen, um zu beobachten, aber der Laufkranke erschien dort nicht mehr.

Bald darauf begann die Brunft. Gäste kamen ins Forstamt und zu Schuß, doch den alten Kronenzehner hatte niemand gesehen. Um den fünfzehnten September herum hatte ich einen Jagdgast auf einen IIb/Ib-Hirsch zu führen. Nach den neuen niedersächsischen Bejagungsrichtlinien entscheidet ja nicht mehr das Geweihgewicht, sondern nur noch das Alter, ob ein Hirsch der Klasse I und II angehört, und doch möchte jeder lieber einen Klasse I-Hirsch schießen.

Wir saßen unweit der Forstamtsgrenze an einem großen Kahlschlag, den die Alten das ‚Kronsnest' nennen, wobei der Name dieses Forstortes nicht vom König und seiner Krone herrührt, sondern vom Kranich, der früher dort einmal gebrütet haben mag. Naß ist der Boden noch heute dort, und Seggen- und Bentgrasbülten erschweren das Gehen. An diesem Abend schien das Rotwild sich einem anderen

Brunftplatz verschrieben zu haben, und so war ich froh, als endlich ein einzelner Hirsch, ab und zu abgrundtief schreiend und langsam durch die feuchten Partien der Freifläche ziehend, die Szene belebte. Zunächst vermochte ich dem Kronenzehner mit der tiefen Stimme und der fahlgelben Decke nichts Besonderes abzugewinnen, bis mir auffiel, daß er den Vorderlauf nur sehr zögernd aufsetzte und beim Ziehen ein langes, ausgewachsenes Schalenpaar sichtbar wurde. Da fiel es mir wie Schuppen von den Augen: Der Hirsch dort mit dem greisen Haupt war der Kumpan des von Peter gestreckten Sechzehnenders! Hier in diese stille Wildnis also hatte es ihn in der Brunft gezogen. Und da fiel mir noch etwas ein: Während so mancher Brunft hatte ich dort eine alte, tiefe Stimme vernommen, die nur von einem heimlichen Hirsch herrühren konnte, doch zu Gesicht bekommen hatte ich diesen Geheimnisvollen nie. War er es, der mich Jahre lang genarrt hatte? Ich riet meinem Begleiter, bei der ersten sich bietenden Gelegenheit zu schießen, und so geschah es. Im Schuß brach der Hirsch von dem schweren Geschoß der 9,3 × 64 getroffen zusammen, und nur kurz war sein Todeskampf. Vom vierzehnten Kopf mochte der Alte sein, genau wie der Sechzehnender, vielleicht auch noch ein Jahr älter, wer von uns vermag das schon genau zu sagen. Der Jagdgast war über die eigenartige Trophäe hocherfreut, doch er ahnte nichts von den besonderen Beziehungen, die mich mit diesem Hirsch verbanden.

So waren binnen kurzer Zeit zwei wirklich reife Heidehirsche zur Strecke gekommen. Beide Erleger stimmten mir darin zu, daß es vom jägerischen Standpunkt besser sei, nur einmal im Leben einen wirklich alten Hirsch zu strecken als von jungen Hirschen zwei.

Auf den ganz zu Anfang erwähnten Pürschgang will ich auch noch rasch zurückkommen: Mein Berliner Gast schoß noch bei gutem Licht am gleichen Abend aus einem Kahlwildrudel einen passenden, ungeraden Achter, und weil es sein erster Hirsch war, war die Freude riesengroß.

Ein Balzmorgen in der Heide

Ungetrübte Stunden des Glücks im heimischen Revier zu erleben, ist uns Jägern der heutigen Zeit nur höchst selten vergönnt. Auch wir sind einbezogen in die Hektik und Betriebsamkeit unserer Tage, erleben das Eindringen der Zivilisation in den entlegensten Winkel unserer geschundenen Umwelt und müssen mit ansehen, wie unsere Wildtiere immer mehr zum Nachtwild werden. In den ausgeräumten Fluren kann sich so recht kein artenreicher Niederwildbesatz mehr halten, und es wird noch eine Zeit lang dauern, bis sich durch Flächenstillegungen und eine Extensivierung der Landwirtschaft wieder bejagbare Besätze heranbilden. Ein Freund von mir, ein passionierter Niederwildjäger, versucht seit einiger Zeit, seine wertvollen englischen Purdey-Schwesterflinten zu einem angemessenen Preis zu verkaufen, bisher ohne Erfolg. Das mag beispielhaft für unsere heutige Niederwildmisere stehen. Die Schalenwildbestände dagegen wachsen uns mancherorts über den Kopf, so daß die Abschußplanerfüllung schon gelegentlich in richtige Arbeit ausarten kann. Arbeit macht bekanntlich Spaß, aber wer kann schon immer Spaß vertragen?

Doch hier und da gibt es noch das kleine Paradies, eine letzte Zufluchtsstätte für seltene Tiere und Pflanzen. Das Erleben solch eines kleinen Stückchens „heiler Welt“ bedeutet für den Naturfreund und Jäger ein unschätzbares Geschenk und läßt ihn für einige Augenblicke die Sorge um das unaufhaltsame Anwachsen des Menschengeschlechts und der damit verbundenen Zerstörung der Natur vergessen. Im vergangenen Frühjahr wurde mir solch ein unvergeßliches Erlebnis zuteil, durfte ich mich für Stunden in eine längst verloren geglaubte Welt zurückversetzt wähnen: In Moor und Heide im heimatlichen Revier balzten die Birkhähne wie lange nicht mehr.

Ein Balzmorgen in der Heide! Welch ein unsagbar poetischer Zauber liegt darin, auch und gerade weil es heute nicht mehr darauf ankommt, Beute zu machen, sondern nur zu sehen und zu lauschen. Der Platz für den leinenen Schirm war sorgfältig ausgewählt. Auf der kurzgebrannten Heidefläche hatten wir tags zuvor aus der Ferne mehrere Hähne balzen sehen und waren sicher, daß sie sich auch durch das braune, viereckige Gebilde nicht würden stören lassen. Am nächsten Morgen ist es dann soweit: Nach kurzem Fußmarsch habe ich den Schirm erreicht. Fröstelnd warte ich auf den Beginn des Tages.

Kalt war die Nacht gewesen, und ein dichter Rauhreif hat sich auf alles Oberirdische gelegt. Es muß ein klarer, windstiller Morgen werden. Der fahle Streif im Osten wird größer, sein Leuchten stärker und das fantastische Morgenrot schließlich so mächtig, daß sich die Dunkelheit zu verlieren beginnt. Da, ein Rauschen, harte Flügelschläge und ein dumpfes Aufsetzen, der erste Hahn ist nur wenige Schritte hinter mir eingefallen. Wieder rauscht es heran, und nun kann ich vor mir zwei dunkle Gestalten erkennen. Sie sichern nach allen Seiten, recken ihre Hälse und ordnen ihr Gefieder. „Tschui, tschui", klingt es in den jungen Morgen, die Hähne springen flügelschlagend hoch und lassen ihren Kampfruf hören. Der hinter mir hat längst zu kullern begonnen, und nun brodelt es rings um mich her. Fünf, sechs Minnesänger kann ich bald in nächster Nähe des Schirmes ausmachen. Während der eine Hahn auf einer Stelle unbeweglich mit gespreiztem Spiel vor sich hinkullert, fahren zwei andere, zwischendurch hochspringend und fauchend, aufeinander zu und bekämpfen sich mit den Ständern. Wie ich bei besserem Licht später feststellen kann, sind es die beiden ältesten, blauschwarzen Hähne, die Platzhähne offensichtlich, die sich ständig den ersten Rang streitig machen.

Ein weiterer Hahn ist seitlich eingefallen. Die breiten, kräftigen Flügel gespreizt, die Halsfedern mächtig aufgeplustert, trippelt er mit kleinen Schritten im Kreise herum, immer die kullernden Balzlaute von sich gebend. Sieben Hähne sind es, die sich hier versammelt haben. Nur ein einziger, so scheint es mir, ist ein Jährling. Sein Flügelgefieder ist noch durchgehend braun, und er sitzt am äußersten Rand des Balzplatzes, stört sich nicht an den anderen.

Plötzlich verstummt die fröhliche Gesellschaft. Die Hälse werden lang und länger, und einer nach dem anderen erhebt sich und fliegt davon. Was ist geschehen? Hat ein Habicht das Gelände überflogen, ein Fuchs sich zu nahe herangewagt? Ich vermag es in meinem engen

Schirm nicht auszumachen. Den braunen Junghahn ficht das auch alles nicht an. Brav sitzt er auf seinem angestammten Platz und kullert leise vor sich hin. Da sind auch die sechs anderen Hähne plötzlich wieder da, und so, als sei nichts geschehen, treiben sie ihre anmutigen Spiele weiter.

Ein fremder, klagender Ruf übertönt das Kullern der Hähne. Er schwillt an zu einem jauchzenden, melodischen Flöten und endet mit einem fast weinerlichen Trillern. Oh ja, der Balzgesang des großen Brachvogels gehört für mich genauso zum Frühlingslied der Heide wie die urigen Laute der Spielhähne. Ein Paar der Langschnäbel ist zwischen den Hähnen eingefallen und schreitet über die reifüberzogene Heide. Reich scheint der Tisch für sie in dieser Jahreszeit noch nicht gedeckt zu sein, doch zwischen dem Bentgras, dem Torfmoos und der Heide muß es doch etwas an Insekten und Würmern für sie zu fressen geben. Als Student hatte ich einen dieser großen, langbeinigen, langschnäbligen Vögel geschossen, um ihn präparieren zu lassen. Auf den vernäßten Wiesen rund um den Dümmersee gab es damals noch Hunderte dieser Watvögel mit dem reichen Stimmenrepertoire. Jetzt sind wir in dem Heiderevier froh, wenn wir auf den großen Moorflächen im Frühjahr noch einzelne Paare beobachten können.

Auf den Sonnenaufgang bin ich gespannt. Verschweigen dabei tatsächlich die schwarzen Minnesänger ein wenig und halten, wie unsere Vorfahren sagten, „das Morgengebet ab"? In der Tat, mit den zunehmenden, goldenen Strahlenbündeln, die das trügerische Gefühl einer aufkommenden Wärme vermitteln, verharren die Hähne, so als ob auch sie ein Wohlbehagen verspüren. Nicht lange dauert die Pause, da geht es wieder munter los, und so recht temperamentvoll werden die Herren, wenn ein Weibchen in ihrer Nähe einfällt und scheinbar teilnahmslos an den jungen Heidetrieben zu picken beginnt. Eine Henne, deren Gefieder in der aufgehenden Sonne goldgelb glänzt, fällt dicht neben meinem Schirm ein und wird sofort von einem der beiden Hähne umbalzt, als sie abstreicht, folgt ihr der Hahn.

Doch der ist bald wieder da, und das Spiel wiederholt sich von neuem, ob mit derselben Henne oder einer anderen, nun, so genau vermag ich Birkhennen nicht zu unterscheiden.

Als die Sonne höher am Himmel steht, neigt sich die Morgenbalz dem Ende zu. Die Hähne gehen nicht mehr mit gesträubtem Gefieder aufeinander los. Während der eine still auf seinem Platz verharrt und sich eine Ruhepause gönnt, äst der andere gierig die kurzen Triebe der jungen Heide. Nacheinander streichen die schwarzen Ritter ab. Einer fällt weitab in der Krone einer krüppligen Moorkiefer ein und kann es nicht lassen, dort oben weiterzukullern. Nur der braunflüglige Jährling hält die Stellung. Ihn werde ich nach drei Stunden im Schirm bei meinem Aufbruch vertreiben müssen. Die Zeit verging mir wie im Fluge. Noch einmal präge ich mir das Geschehen fest ins Gedächtnis ein, wer weiß, ob ich es jemals wieder so erlebe.

Ob ich einen Birkhahn schießen würde, wenn ich ihn zum Abschuß frei hätte, könnten Sie mich fragen. Ich würde antworten: Nein! Nein, weil ich schon drei Hähne in meinem Leben geschossen habe, in verschiedenen Revieren und mit frohem Herzen. Und das zu einer Zeit, als diese Vogelart nicht so vom Aussterben bedroht schien, wie sie es heute ist. Heute käme mir ein Schuß im heimischen Revier wie Verrat an all den Hegebemühungen um diese schützenswerte Wildart vor. Gleichwohl möchte ich genauso deutlich sagen, daß es für die Entwicklung einer Population völlig gleichgültig ist, ob ein einzelner Hahn vom Fuchs gerissen, vom Habicht geschlagen oder von Jägerhand getötet wird. Kompensatorische Mortalität nennt das der Wissenschaftler. Das Beutemachen durch den Menschen muß sich jedoch in den von der Natur gegebenen Grenzen halten, sonst wird es schändlich.

Seit fast zwei Jahrzehnten habe ich die Möglichkeit, die Entwicklung des Birkhuhnbesatzes auf dem Truppenübungsplatz Bergen in der Lüneburger Heide zu beobachten. Nach den Berichten eines alten Revierförsters balzten hier nach dem letzten Kriege mehr als zweihundert Hähne im Frühjahr, ja, auf einer kleinen Hochmoorfläche von nur fünfundzwanzig Hektar Größe wurden bis zu fünfzig balzende Hähne gezählt. Bis 1965 nahm der Besatz zwar ab, aber nur um rund zwanzig Prozent. Doch dann ging mit zunehmender Verschlechterung des Biotops der Birkhuhnbesatz bis Mitte der siebziger Jahre auf etwa zehn Prozent der ursprünglichen Dichte zurück und hielt sich mit kleineren Schwankungen nach oben oder unten in gleicher Höhe bis zum Jahre 1986. Ab den Jahren 1987 und 1988 können wir glücklicherweise wieder einen spürbaren Anstieg der Birkhuhndichte feststellen. Die Abnahme des Birkhuhnbesatzes geht mit der Zerstörung seines

Lebensraumes, den Heiden und Mooren, Hand in Hand. Gerade die Rauhfußhühner machen uns deutlich, welch weitreichende Veränderungen in unserer Landschaft eingetreten sind. Wenn also überhaupt noch etwas zur Rettung des Birkwildes getan werden kann, so weniger über einen speziellen Artenschutz als vielmehr durch den Schutz seiner Lebensräume.

Wir bemühen uns ständig, den Lebensraum Heide dem Birkwild zu erhalten, indem wir das Heidekraut durch Abbrennen verjüngen und aufkommende Birken- und Kiefernkusseln entfernen. Jagdlich kann man dem Birkwild nur helfen, indem wir das Raubwild kurzhalten, insbesondere den Fuchs, aber auch viele Sauen schießen.

Meine These lautet: Biotopverbesserung statt kostspieliger Aussetzungsaktionen! Gönnen wir dem Spielhahn letzte Zufluchtsorte, um sein Aussterben hinauszuzögern und lassen wir dem törichten Jägerherzen, das sich vehement gegen den Fortschritt von Technik und Kultur stemmt, die Freude an diesem interessanten, wunderschönen Flugwild.

Ansitzerlebnisse auf der Drückjagd

Von der Ansitz-Drückjagd soll hier die Rede sein. Wir nennen sie auch „Ansitzjagd mit Anrühren", das klingt nicht so streng wie „Ansitzjagd mit Einstandsberuhigung", wie es eigentlich korrekt heißen müßte. Wenn man im Flachland die Ansitz-Drückjagd gelegentlich mit Riegeljagd bezeichnet, so mag das von der Sache her gar nicht so falsch sein, insbesondere dann nicht, wenn hauptsächlich die Wildwechsel durch die Schützen besetzt werden, doch ist, wenn ich mich recht erinnere, die Riegeljagd eine besondere Jagdform des Hochgebirges, und das soll sie dann ja auch bleiben.

So neu ist die Erfindung der Ansitz-Drückjagd übrigens nicht, wie manche Autoren heutzutage meinen. Während meiner forstlichen Ausbildung im Naheforstamt Sobernheim machte ich in den fünfziger Jahren so manche dieser Jagden mit. Der damalige Forstamtsleiter, der aus Schlesien stammende Forstmeister Bohrisch, hatte diese Jagdart in dem einzigen, zum Forstamtsbereich gehörenden, wohl achthundert Hektar großen Staatswaldrevier Gauchsberg bis zur Perfektion in Organisation und Ablauf entwickelt. Der Gauchsberg – heute als Versuchsrevier für Wildschadenverhütung und Wildfütterung bekannt – war damals ein fast reines Laubholzrevier mit einem bescheidenen Rotwildbestand; aber reichlich Sauen, Rehwild, Füchse und Hasen waren anzutreffen. So war die Drückjagd mit nur einem Treiben in dem leicht hügeligen Gelände schon damals die dem Revier am besten angepaßte Jagdart. Ich erinnere mich noch genau an die eigens für die Jagd aufgestellten, mit frischem Fichtengrün verblendeten Hocker, von denen aus man in den Eichen-Niederwald schießen konnte, weil es die entsprechenden Schußschneisen, sogenannte Krähenfüße, gab.

Aber es war auch hier wie später anderswo: Nicht immer kamen wir nur auf langsam ziehendes oder im Bestand verhoffendes Wild zu Schuß. Oft genug entschlossen sich die Sauen, erst kurz vor den Trei-

bern den Tageseinstand zu verlassen und die schmalen Waldwege in Hast und Eile zu überfallen. Da waren schnelle Kugelschützen im Vorteil.

Wer da glaubt, auf der Ansitz-Drückjagd „weit ab von den Einständen möglichst auf Fernwechseln das vertraut anwechselnde Wild in aller Ruhe ansprechen und erlegen zu können", wie es kürzlich in der Jagdkonzeption einer Forstverwaltung zu lesen war, der stellt gewiß zu hohe Erwartungen an diese Jagdart. Als Jagdleiter, der sich seit Jahren dieser Jagdmethode verschrieben hat, und, wie die Jagdkönige pflichtgemäß behaupten, auf diesem Gebiet auch gewisse Erfolge aufzuweisen hat, kenne ich sehr wohl die Vorteile, aber auch die Grenzen dieser schönen Gesellschaftsjagd.

Da saß im vergangenen Jahr der Jäger W. unweit der dicken Linde auf einem niedrigen, gut verblendeten Hocker (einem Zwischending von Erdschirm und Hochsitz), von dem aus er in fünf Waldschneisen einsehen konnte. Der Stand ist bei den Jagdgästen sehr begehrt, denn mehr als einer war dort schon Jagdkönig geworden. Dem guten W. kam jedoch bis kurz vor Jagdende nicht ein einziges Stück. Zwar hatte er in der letzten halben Stunde in dem zu seiner Linken gelegenen Lärchenstangenholz vereinzelt ein Knacken gehört, doch kein Haar ließ sich sehen. Da kam, schon daß es Zeit war, die sieben Sachen zu packen, in seiner roten Warnweste ein Treiber aus den Lärchen und wollte den Jäger zum Aufbruch mahnen. Doch so schnell gibt der W. nicht auf. Er ermunterte den Treiber durch Handzeichen, noch einmal in den Wald zu gehen und die kleine Bestandesspitze bis zum Ansitz durchzudrücken. Kaum hatten sich die Zweige hinter der roten Weste wieder geschlossen, da rumpelte es vor dem Schirm, und in einer einzigen, hohen Flucht überfiel ein Alttier den Waldweg. W. ging in Anschlag, und als das Tier mit den Läufen wieder den Boden berührte, ließ er die Kugel fliegen. Flugwild, so sagte er später ironisch, sei ja eigentlich nicht freigewesen. Das Tier zeichnete gut. Als W. es noch mit den Blicken verfolgte, erschien plötzlich das zu dem Tier gehörige Kalb auf der Schneise. Üblicherweise schießt man das Kalb vor dem Tier, aber hier mußte es einmal umgekehrt gehen, und es gelang. So kamen in letzter Minute noch Tier und Kalb zur Strecke, und W. strahlte.

Mir war es einmal ähnlich ergangen. Als Gast bei guten Freunden in der Heide hatte ich auf einer langen, eine ausgedehnte Kieferndickung halbierenden Schneise meinen Stand bekommen. Wie schön, einmal Gast zu sein und nicht selbst Verantwortung tragen zu müssen. Ein gut sichtbarer Wechsel querte in guter Kugelschußentfernung die kaum begrünte Sandbahn. Auf diese Stelle richtete ich mein besonderes Augenmerk. Wenn hier das Wild in Ruhe den Einstand verließe, müßte man die eine oder andere Kugel loswerden, ging es mir so durch den Kopf.

Lange Zeit tat sich nichts, wie das bei Ansitzjagden ja so üblich ist. Ein paar Schüsse in der Ferne, irgendwo ein leises Hundsgebell, ansonsten Stille. Doch dann hörte ich Sauen vor mir. Einige junge Stücke schienen miteinander zu raufen, ab und zu unterbrachen schrille Klagelaute die Waldesstille. Meine Hoffnung, die Sauen würden ohne Argwohn dem Wechsel folgen, erfüllte sich nicht.

Im Gegenteil, ich mußte erkennen, daß sich die Rotte nach einer Zeit des stillen Verweilens wieder entfernte. Dann endlich hörte ich von ferne die kleine Treibergruppe, wie sie sich langsam meinem Stand näherte. Die Männer hatten drei Jagdterrier bei sich, und kaum waren die Hunde mit dem Schwarzwild zusammengetroffen, da gaben die schneidigen Hunde giftig Laut. Doch die Schwarzkittel wollten die schützende Dickung nicht verlassen. Erst als die Treiber den Hunden zu Hilfe kamen und sie stimmgewaltig unterstützten, entstand Bewegung in den Kiefern.

Der erste Frischling überfiel so schnell die Schneise, daß ich ihn glatt fehlte. Der nächste kam etwas günstiger, und ich traf ihn tief, aber doch tödlich. Auf zwei weitere Stücke kam ich einfach nicht mehr zu Schuß, weil sie so verdammt schnell waren, und dann war alles vorbei. So hatte ich bei der stillen Ansitzjagd eine klassische Treibjagdsituation erlebt, aber die hat bekanntlich auch ihre Reize.

Wer zum ersten Mal in seinem Revier eine Ansitzjagd mit Anrühren durchführt, wird wohl weitgehendst auf die in der Jagd vorhandenen Hochsitze und Leitern zurückgreifen. Das bringt aber nicht den erhofften Erfolg. Kanzeln an Äsungsflächen eignen sich nicht für unseren Zweck. Vielleicht zieht auch mal ein Stück Wild tagsüber zur Äsung auf die Fläche und kann dann erlegt werden, aber das bleibt die Ausnahme. Besser sind da schon Hochsitze am Rand oder inmitten sich schließender Forstkulturen, weil sich hier das Wild sicher wähnt. Am besten aber stellt man niedrige Sitze an bekannte Wechsel zwischen den Einständen oder in lichte Baumbestände, wo das Wild den Jäger nicht vermutet. Den richtigen Platz findet man entweder auf Anhieb, oder man muß im Laufe der Jahre Erfahrungen sammeln. Dabei ist es allerdings wenig hilfreich, wenn ein Jagdgast, der nichts geschossen hat, angibt, er habe auf einem bestimmten Stand nichts gesehen, in Wirklichkeit hatte er aber guten Anlauf und wollte nur nicht zugeben, daß er das Wild, wie auch immer, verschlafen hatte. Alles schon erlebt. Die Treiber haben ja auch Augen im Kopf!

Sogenannte Fernwechsel zu besetzen, halte ich im allgemeinen nicht für besonders erfolgversprechend. Meist sitzt da jemand, weitab vom eigentlichen Jagdgeschehen und kann sich allenfalls an der schönen Landschaft erfreuen. Es ist doch nicht so, daß einmal angerührtes Wild nun meilenweit gegen den Wind läuft; und tut es das wirklich, dann hat es viele Fernwechsel zur Auswahl. Man muß schon mal selber durch die Einstände gekrochen sein, um zu erleben, wie geschickt die alten Leittiere, die Bachen und besonders das Damwild die Treiber umgehen und durch nichts zu veranlassen sind, den Tageseinstand zu verlassen. Oft ist es auch eine Witterungsfrage, ob und wie das Wild flüchtet. Gut sind immer sonnenklare, kühle Tage mit wenig Wind, die das Wild auf die Läufe bringen.

Es war im Dezember, und ich ging als Treiber, hier und da mit einem langen Stock an einen Baum schlagend, durch ein lichtes Stangenholz. Gerade kam ich an einer vorwüchsigen, vom Sturm geworfenen Fichte vorbei, da sprangen mit lautem „Wuff" zwei Schwarzkittel aus dem dichten Kronengeäst heraus. Der eine war eine grobe Sau, eigentlich kein Schwarzkittel, sondern ein schwarzweiß geschecktes Stück mit schloßweißen Tellern. Das andere Stück war normal gefärbt und in der Größe eines Überläufers. Ich dachte sogleich an einen alten, bunten Keiler, wie sie in der Heide gelegentlich vorkommen, riß meinen kurzen Blaser-Stutzen von der Schulter und versuchte, zwischen den Erlen- und Birkenstämmchen ein Stückchen Blatt des Keilers freizubekommen. Es gelang, und auf den Schuß hin wurde er langsamer. Nachdem ich eine Zeitlang der Fluchtfährte gefolgt war, sah ich die Sau schwerkrank unter einer tiefbeasteten Fichte sitzen. Nun konnte ich mir mit einem Fangschuß Zeit lassen und ging vorsichtig auf den markanten Baum zu.

Noch hatte ich ihn nicht erreicht, da kam wie der Blitz aus heiterem

Himmel der Überläufer auf mich zu. Als er hochflüchtig an mir vorbei ins Treiben wollte, konnte ich eine gute Kugel loswerden, und alsbald sah ich ihn zusammenbrechen. Der kranke Schecke hatte von dem Intermezzo nichts mehr mitbekommen. Er lag bereits verendet unter den Fichtenzweigen und rührte kein Glied mehr, als ich ihn mit dem Treiberstecken anstieß. Es war leider kein Keiler, sondern eine knapp einhundert Kilogramm schwere, steinalte Bache, was der Freude über die spannende Jagd keinen Abbruch tun konnte. Der Überläufer war auch weiblichen Geschlechts. Er war übrigens auf meinen ersten Schuß hin einem außerhalb des Stangenholzes postierten Jäger gar nicht schnell auf dem Wechsel gekommen, hatte schlechten Wind bekommen, auf der Stelle kehrtgemacht und war mir dann vor die Büchse gelaufen.

Es sollte nicht Ziel der Ansitz-Drückjagd sein, ein einmal beschossenes Rudel immer wieder und wieder vor besetzte Kanzeln flüchten zu lassen und wiederholt unter Beschuß zu nehmen. Das mag nur in Ausnahmesituationen – etwa bei verstärktem Verminderungsabschuß – gerechtfertigt sein. Das so gehetzte Wild leidet unter einem argen Streß und bietet dem Jäger mit seinen aufgerissenen Äsern und heraushängenden Leckern keinen erfreulichen Anblick. Ich erinnere mich noch genau an eine Ansitzjagd, bei der in einer Hegegemeinschaft unverhältnismäßig viel Rotwild zur Strecke kam, weil die Rudel gleich zu Beginn der Jagd mehrfach beschossen worden waren. Eine nicht vorhersehbare Folge war, daß einige der erlegten Stücke, die erst am Nachmittag nach dem Ende der Jagd aufgebrochen worden waren, vom Wildhändler wegen Übersäuerung des Wildbrets verworfen wurden. Dieser führte die ungewöhnliche Erscheinung auf die starke Beunruhigung des Wildes und die damit im Wildkörper ablaufenden chemischen Prozesse (Adrenalinanhäufung, Milchsäure im Muskelgewebe usw.) zurück. Daher sollten solche Jagden nicht zu lange dauern. Zweieinhalb bis drei Stunden sind genug. Es sollten auch nicht zu viele Schützen teilnehmen, damit ein genügender Abstand zwischen den Ständen bleibt. Wenn ich von Teilnehmerzahlen von siebzig und mehr Schützen höre, die eine Jagdgesellschaft bilden, so habe ich da meine Bedenken, wie man solch eine Jagd in geordnete Bahnen lenken kann und auch dem Wild eine faire Chance läßt.

Auch lasse ich die Stände nicht vor Beginn der Jagd verlosen, wie das mancherorts üblich sein soll. Es gibt gute Gründe dafür. Zum einen werden bei uns schon vor der Jagd aus den Jagdteilnehmern kleine, überschaubare Gruppen gebildet, die jeweils von einem ortskundigen Führer zum Ansitz gebracht und von dort wieder abgeholt werden. Hierbei wird zu bergendes Wild ebenso notiert wie eventuell notwendig werdende Nachsuchen. Zum anderen lege ich auch großen Wert darauf, daß nicht jeder Jäger mit seinem Wagen zum Ansitz fährt. Um dem abzuhelfen, werden innerhalb der Gruppen Fahrgemeinschaften mit möglichst drei Leuten gebildet. So bleiben die meisten Autos auf dem Parkplatz am Treffpunkt stehen, und es zieht sich nicht am Morgen eine schier endlose Blechlawine ins Revier, so als seien eben die Schlagbäume zwischen Ost und West geöffnet worden. Es gibt noch einen Grund, weshalb ich die Stände nicht verlose: Der Jagdleiter kann so nämlich der launischen Jagdgöttin noch ein wenig unter die Arme greifen und den Jagderfolg, auf den es schließlich ankommt, etwas günstiger gestalten, indem er die Schützen weniger nach gesellschaftlichem Rang, sondern mehr nach ihren jagdlichen Fähigkeiten und Schießfertigkeiten auf die Stände verteilt. Da nützt es dann auch nichts, wenn der eine oder andere Grünrock einen flehenden Blick zum Himmel richtet mit den Worten: „Der Herr verschone mich vor der Gnade des Jagdherrn!“

Gerade auf dem Ansitz angekommen, frage ich mich oft, wie hältst du das aus, so über drei Stunden auf einem Brett zu hocken und nicht runter zu dürfen. Doch dann vergeht die Zeit meist schneller als man denkt. Ich beobachte gespannt meine Umgebung, grübele über dies und jenes nach, frage mich nach der Berechtigung des Jagens in heutiger Zeit, zähle die Schüsse von nah und fern, trinke zur Halbzeit einen Schluck aus der Thermoskanne und versuche, die einzige Chance, die sich einem bei solcher Jagd meist nur bietet, nicht zu versäumen.

Oft ist es die erste halbe Stunde, die die besondere Aufmerksamkeit des Jägers erfordert, sind doch dann die Treiber schon in die Tageseinstände des Wildes vorgedrungen und haben es rege gemacht. Während der letzten Drückjagd passierte mir folgendes: Mir war zum Ansitz ein schlichtes Holzgestell zugewiesen worden, das mit einer alten Zeltplane verblendet war. Auch das Dach bestand aus diesem schilfgrünen Leinen. Da es am Vortage geregnet hatte, hing die Dachbespannung trichterförmig in meinen Hocker hinein und in regelmäßigen Abständen tropfte das Regenwasser, das sich in der Mitte gesammelt hatte, auf mich hernieder. Jedesmal, wenn ich das Dach nach oben gestülpt hatte, war für einen Augenblick Ruhe. Dann sammelte sich das kühle Naß wieder in der Mitte, und das Tropfen setzte erneut ein. So war ich vorwiegend damit beschäftigt, dieses Übel aus der Welt zu schaffen und hätte um ein Haar das kleine Rudel Rotwild verpaßt, das da unhörbar und ohne Eile – so auf etwa achtzig Schritt Entfernung – die Schneise zu meiner Linken überquerte. Schon war das Rudel in den lückigen Anflugkiefern verschwunden, da konnte ich gerade noch das den Schluß bildende geringe Kalb erwischen. In einer Lücke sah ich es zusammenbrechen.

Allmählich hatte die milde Herbstsonne das Dach getrocknet, und ich konnte mich ungestört dem weiteren Geschehen widmen. Was eigentlich nicht zu erwarten war, trat ein: Dasselbe Rudel, aus dem ich zuvor das Kalb erlegt hatte, kam auf demselben Wechsel wieder zurück. Von den Treibern angestoßen und nicht mehr so vertraut, sondern voller Aufmerksamkeit, führte das Leittier das Rudel in zügigem Troll über die Waldschneise. Kein Stück verhoffte, nur das letzte, ein grauköpfiges Alttier blieb plötzlich und unerwartet am Waldesrand stehen. Es äugte umher, als suche es etwas. Es war keine Kunst, ihm eine gute Kugel anzutragen. Vermutlich gehörten das zuvor geschossene Kalb und das alte Tier zusammen.

Wenn das Rotwild zu intensiv bejagt wird, bilden sich nicht selten Großrudel. Man kann dann zwanzig Stück und mehr beisammen sehen. In solch kopfstarkem Verband fühlt sich natürlich das einzelne Individuum sicherer vor jeder Verfolgung. Aber auch in offenem Gelände, beispielsweise in ausgedehnten Moor- und Heideflächen, entstehen große Rudel. Wer in Schottland Rotwild gejagt hat, kennt das. Solche großen Verbände sind dann aber eher ein Ausdruck des arteigenen Verhaltens als eine Folge der Bejagung. Es ist nicht leicht, solche Großrudel zu bejagen. Wo immer sie auftreten, wird den Jägern häufig der Rat erteilt, die Leittiere zu schießen, um so die starken Rudel aufzulösen. Das ist natürlich ein Unfug!

Bekanntlich wird ein Rudel immer von einem Leittier geführt. Das Leittier wiederum führt immer ein Kalb, sonst könnte es nicht Leittier sein. Will man nun das Tier in seiner Funktion als Leittier ablösen, braucht man es doch nicht gleich totzuschießen. Man schieße nur sein

Kalb, und dann ist es kein Leittier mehr! So einfach ist das. Hat man jedoch, und nun kommt der springende Punkt, das Leittier durch den Abschuß des Kalbes wieder zu einem normalen Mitglied des Rudels degradiert, übernimmt ein anderes Tier mit Kalb die Führung des Rudels. Es irrt, wer annimmt, daß sich dann das Rudel in kleine Familienverbände auflöst. Es ist doch nicht so, daß ein bestimmtes Tier, weil alt, erfahren, klug und kräftig, ein bestimmtes Rudel zusammenhält oder gar zusammenführt. Die Gründe, die zur Großrudelbildung führen, habe ich oben zu erklären versucht. So höre ich es immer gern, wenn der Jagdherr zu Beginn einer Ansitzjagd den Abschuß von Leittieren grundsätzlich verbietet, denn er verbietet damit gleichzeitig den Abschuß eines führenden Tieres. Die durch den Abschuß von führenden Tieren entstehenden Ansitz- oder Drückjagdwaisen können in einem geordneten Jagdbetrieb in der Regel noch vor Ende der Jagdzeit erlegt werden, da sie entweder vom Rudel verstoßen werden oder am Rande der Großrudel dahinvegetieren. Auch wenn sie milde Winter überstehen, sind sie keine Zierde für das Jagdrevier. Wie sagte doch jüngst der Jagdherr bei der Begrüßung? „Wirkliche Freude, meine Herren, macht nur der faire Schuß!“ Das könnte ein gutes Motto für alle Ansitz-Drückjagden sein.

Gamsbrunft – Brunftgams

Wo kann man die Natur direkter, einprägsamer erleben, und wo kann man das Waidwerk mit mehr körperlichem Einsatz und wachen Sinnen ausüben als im Hochgebirge auf der Gamsjagd. Ich meine hier nicht die Jagd auf den Waldgams vom Hochsitz oder Pürschsteig aus, sondern die kräftezehrende Pürsch auf den Kargams, den ‚schwarzen Teufel' oberhalb der Baumgrenze.

Mit Franz, dem gebürtigen Tiroler, verbindet mich seit vielen Jahren eine echte Freundschaft. Es ist uns eine liebe Gewohnheit geworden, daß er ein-, zweimal im Jahr zu mir nach Norden ins Hochwildrevier kommt, um mir beim Kahlwildabschuß zu helfen, während ich alljährlich nach Süden in ‚sein' Gamsrevier am Fuße des Großglockner fahre, um dort die Büchse auf einen Gamsbock zu führen. Das hat sich im Laufe der Jahre ganz einfach so ergeben, das ist kein Tausch, kein Handel und keine Absprache, aber ein fester Bestandteil im Jahresablauf zweier gleichgesinnter Jäger. Auch hat es sich im Gamsrevier so ergeben, daß mein Freund Franz zumeist von dem Jäger Alois geführt wird, während mich der Hans, der Bergbauer und Fremdenführer, unter seine Fittiche nimmt, wenn wir dem Gams nachstellen. In den Bergen, wo einer auf den anderen angewiesen ist, wird man schneller gut Freund miteinander als anderswo, oder anders ausgedrückt, man erkennt sehr rasch, mit was für einem Menschen man es zu tun hat. So ist die Freude ungekünstelt, wenn wir uns regelmäßig im Herbst wiedersehen und nur betrübt feststellen müssen, daß wir wieder ein Jahr älter geworden sind. Aus dem ungestümen Hans, der einst mit mir die verwegensten Klettertouren unternahm und mit mir die tiefverschneiten Hänge heruntersprang, als wären wir noch Schulbuben, ist mittlerweile ein bedächtiger Familienvater mit drei munteren Kindern geworden. Zwar steigt er im Sommer noch immer mehrmals die Woche mit den Fremden auf den knapp 4000 Meter hohen Großglockner, doch auf der Jagd ist er schon ruhiger geworden. So hat er auch nichts mehr dagegen einzuwenden, wenn wir schon mal den Aufstieg abkürzen und mit dem Auto ein Stück ins Gebirge fahren.

Drei Jahre ist es nun her, da machte mir Freund Hans eine große Freude. Am Telefon hatte ich ihm gegenüber den Wunsch geäußert, mal wieder so richtig die Gamsbrunft bei Kälte und Schnee erleben zu dürfen. Spontan stimmte er meinem Vorschlag zu, obgleich es die Kalser Jäger aus verständlichen Gründen ganz gern sehen, wenn die Führung der Gäste im Oktober abgeschlossen ist. Folglich wartete ich in diesem Jahr bis Mitte November, um die Fahrt nach Süden anzutreten.

In dem kleinen Tiroler Gebirgsdörfchen Kals war schon der Winter eingekehrt. Zwar waren die Straßen noch frei und passierbar, aber die Berge hatten ihr weißes Schneetuch übergezogen. Über die Gipfel zogen graue, dichte Wolken aus Richtung Norden, und es sah nach weiteren Schneefällen aus. „Zuschneiben tut es heut' noch nit", meinte Hans, als wir bei beginnendem Büchsenlicht taleinwärts stampften. Mit einem Stückchen Autofahren war es dieses Mal nichts, denn der schmale Weg durch die Dorferklamm war verschneit und vereist. Unser Ziel war das Dorfertal. Fünf, sechs Kilometer zieht sich der Gebirgseinschnitt hin, bis er am Kamm der Hohen Tauern endet.

Still war es zwischen den steilen Felsen, nur der Gebirgsbach gurgelte in der Tiefe noch sein monotones Lied. Wo immer das klare Wasser eine Stufe hinuntersprang, war die Eisdecke durchbrochen und löste sich in bizarren Kristallkuppeln auf. Ganze Wände von Eiszapfen der verschiedensten Stärken gaben der herben Felsregion ein geradezu märchenhaftes Aussehen. Endlich hatten wir die Klamm hinter uns, und eine majestätische, wie von Menschen unbeeinflußt erscheinende Gebirgslandschaft tat sich uns auf. Nur für wenige Augenblicke durchbrach die Sonne die tiefhängenden Wolken und erhellte das ganze Tal.

Bei einer kurzen Rast äußerte ich Hans gegenüber den Wunsch, den Gamsbock, so wir einen bekommen sollten, nach Hause mitnehmen zu wollen, um ihn allein oder mit Freunden verspeisen zu können. Denn daß das Wildbret vom Gamswild ganz hervorragend schmeckt, hatte ich längst erfahren. Schon einmal hatte ich einen Gams mit über die Grenze genommen, obwohl der bayerische Zöllner darüber gar nicht erfreut war. Erst als ich ihn daran erinnerte, daß Förster und

Zöllner doch irgendwie Kollegen seien, ließ er sich erweichen und mich unbehelligt weiterfahren. Um noch einmal auf den guten Geschmack des Gamswildbrets zurückzukommen: Nach meinem ersten Versuch verstand ich mit einem Male, warum früher – und gelegentlich auch noch heute – in den Alpen so stark gewildert wurde. Sicher nicht nur, weil die armen Bergbauern in ihren Häusern eine Vielzahl von hungrigen Mäulern zu stopfen hatten, nein, gewiß auch deshalb, weil der gewilderte Gams einen ganz vorzüglichen Braten hergab.

Mit meinem Ansinnen war der Hans gar nicht einverstanden. „Du wirst einen Teufel tun und solch einen alten Stinker in die Gefriertruhe stecken", sagte der Freund, „wir werden noch einen Jahrling schießen, und den kannst du mitnehmen!" Mit ‚wir' war zweifelsohne ich gemeint. Die Aussicht, zu dem Bock noch eine Draufgabe zu bekommen, stimmte mich nicht gerade traurig. Nun waren wir schon ein gutes Stück über den verschneiten Weg in das weite Tal eingedrungen, als wir endlich unterhalb der zur Seilspitz heraufreichenden Felswand ein Rudel Gamswild entdeckten. Ein Bock war offensichtlich nicht dabei. Aber Hans meinte, wir sollten das Rudel in jedem Falle angehen, denn ein Jahrling sei sicher darunter. Die Gemsen waren eifrig damit beschäftigt, unter dem weißbedeckten Grasboden ihre karge Äsung herauszuschlagen. Im Schutz der im Unterhang fast geschlossen wachsenden Erlenbüsche gewannen wir stetig an Höhe. Erst in dem immer offener werdenden Gelände, in dem nur einzelne Latschengruppen ein wenig Sichtschutz gewährten, wurde der Aufstieg schwieriger. Je höher wir stiegen, um so heftiger wehte uns der kalte Jochwind ins Gesicht. Zwar kühlte er wohltätig die heiße Stirn, doch war es unter diesen Bedingungen nicht ratsam, eine längere Rast einzulegen. Schnell wäre die Kälte die Glieder hinaufgewandert.

In der letzten, entscheidenden Phase des Aufstiegs waren wir auf einen großen Felsbrocken zugekrochen. Als wir endlich über die Oberkante des Quarzitblockes hinüberschauten, mußten wir zu unserem großen Schrecken erkennen, daß das Scharwild uns bereits eräugt hatte. Einige der alten Gemsenmuttern pfiffen, daß es mir durch Mark und Bein ging. Samt ihrem Nachwuchs setzten sie sich in Bewegung und stürmten über den Grat hinweg, der sich zu unserer Linken erhob. Nur ein einzelnes, schwaches Stück verhoffte noch eine Weile und

Es bedarf ständiger Biotophege, um das Birkwild zu erhalten

Wieder Brutvogel im Heiderevier – der Kranich

Gern gesehener Jagdgast – DJV-Ehrenpräsident Egon Anheuser

Szenen einer Ansitz-Drückjagd

äugte dem abspringenden Rudel nach. Bevor es auch das Weite suchte, hatte ich es im Zielfernrohr, kam etwas hinter dem Blatt ab, und nach dem Schuß stürmte das Gamserl den anderen hinterher. Gut zweihundert Meter mag es zu dem Anschuß gewesen sein. Oft sind im Gebirge die letzten Meter zu dem erlegten Stück die schwierigsten, und so war es auch hier. Tief sanken wir immer wieder in den Schnee ein, doch dann fanden wir endlich den Anschuß mit reichlich Schnitthaar und Schweiß. Alfi, der betagte Brandlbrackenrüde, fand schnell das längst verendete Stück. Der Alfi war eigentlich immer dabei, wenn es zur Gamsjagd ging, und ich war fest davon überzeugt, daß er mich wiedererkannte, wenn ich den Bauernhof betrat. Der leider allzu früh verstorbene Onkel von Hans, der Rogl Sepp, hatte den Hund erworben und abgerichtet, und nach dessen Tod ging er einfach mit dem Hans mit in die Berge. Tiere haben es da ja einfacher als die Menschen.

Das war weiß Gott ein richtiger Hegeabschuß. Die Schmalgeiß wog nicht viel mehr als ein ordentliches Kitz. Ich weiß nicht, ob verwaiste Gamskitze den Bergwinter überstehen können, aber wenn es das gab, dann war dies so ein unglückseliges Geschöpf. Anders konnte ich mir seinen erbärmlichen Zustand jedenfalls nicht erklären und zog sogleich Vergleiche zu verwaisten Rotwildkälbern oder Rehkitzen im heimischen Revier. Jedenfalls behinderte unsere Beute den folgenden Abstieg nicht sonderlich.

Als wir wieder auf dem Talweg ankamen, war die Mittagsstunde bereits angebrochen. Wir suchten eine der längst verlassenen Sennhütten auf, fanden den Schlüssel auf dem Balken über der Tür und traten ein. Es roch nach Kuh, nach Milch und Käse. Kalt war es in dem holzgetäfelten Raum, doch rasch hatten wir ein Feuer in dem alten Küchenherd entfacht und ließen uns den heißen Tee mit einem Schuß Obstler gut schmecken. Dazu gab es aus dem Rucksack einen Kanten Brot und ein Stück hausgeräucherten Speck, eine Nahrung, die so recht zum Gamsjagern paßt, jedenfalls besser als der Inhalt von Büchsen und Konservendosen.

Eigentlich hätten wir es am prasselnden Herdfeuer noch länger aushalten können, aber wie sagte mein Freund Bruno immer: „Das Wild nimmt überhand, wir müssen raus!“ Hans mahnte zum Aufbruch. Wenn wir noch einen Bock schießen wollten, dann war es Zeit zu gehen. Wie schnell bricht im November die Dunkelheit herein, noch dazu, wenn es trüb und wolkig ist. Also stapften wir weiter ins Tal hinein. Bald mußten wir am Kalser Tauerhaus sein, das im Sommer den Touristen als Aufenthalt dient. Lärchen und einzelne Zirben säumten unseren beschwerlichen Weg. Junge Bäumchen waren darunter, die ihre gelben Nadeln noch nicht restlos abgeworfen hatten und sich nun unter der Last des aufliegenden Schnees zur Erde beugten, oder auch ganz alte, von Sturm und Wetter gezeichnete Exemplare.

Immer wieder leuchteten wir mit dem Fernglas die Hänge ab, doch an diesem Tage herrschte wenig Brunftbetrieb. Lediglich droben auf der Hochalm unter dem Eiskögele stand ein stärkeres Rudel Scharwild, und mehrere Böcke brachten sich gegenseitig auf Schwung. Doch das war zu weit. Da hätte man einen ganzen Tag gebraucht, um bei diesen Schneeverhältnissen dort hinaufzukommen. Doch plötzlich zog mich mein Freund am Ärmel und drückte mich zu Boden. Erst nachdem wir hinter einem dicken Felsbrocken Deckung bezogen hatten, wagte ich wieder, meinen Kopf senkrecht zu tragen und riskierte einen Blick über die Steinkante. Hans hatte längst das Spektiv in der Hand und starrte unentwegt in eine bestimmte Richtung. Da bewegte sich doch tatsächlich ein Stück Gamswild in der Felswand. Ein suchender Bock war es, der dem vielversprechenden Duft des Scharwildes folgte. Nur kurz verhoffte der schwarze Teufel ab und zu, dann verschwand er für einige Zeit in einem Graben, um unverhofft an anderer Stelle wieder aufzutauchen. Doch eines ließ mich hoffen: Der Bock zog stetig mehr aus der Wand heraus, und wenn er seinen Wechsel hielt und erst einmal bei dem Geröllboden angekommen wäre, dann könnte es mit einem Schuß passen. Doch warum sollte er ausgerechnet in den Bannkreis meiner Büchse ziehen, wo doch das Gamsrevier so groß und weit ist. Gibt es den unsichtbaren Faden, der, wie von Geisterhand gezogen, den Jäger und seine Beute zusammenführt?

Lange Zeit hatten wir den Gams nicht mehr gesehen, und ich befürchtete schon, daß er sich irgendwo auf einem Ausguck niedergetan hatte. Doch dann stand er plötzlich auf einem Felsköpfchen und sicherte nach allen Seiten umher. Noch einmal blickte Hans durchs Spektiv, und dann flüsterte er: „Der Bock wäre schon recht, traust du dich, ihn auf diese Entfernung zu schießen? Ja, dann beeil dich, lange hält er es auf diesem Fleckerl nicht mehr aus!“ Für meinen Stutzen hatte ich längst eine passende Auflage hergerichtet. Ich sah den Bock durchs Zielfernrohr. Noch immer verharrte er auf seinem Hochstand. Das Fadenkreuz aufs hohe Blatt gerichtet, löste ich den Schuß. Den Gams hob es auf allen vier Läufen in die Höhe, und dann sauste der Wildkörper nach vorn, als sei er gefehlt, doch bald endete die Flucht in dem auslaufenden Hang zwischen Felsbrocken und Steinen. Mir zitterten Hände und Knie wie vor fünfunddreißig Jahren bei dem ersten Rehbock. Irgendwie mußte sich die Anspannung der letzten Minuten freien Lauf verschaffen. Neun Jahre zählten wir an den Krucken ab. Die Basis der Schläuche war zwar recht stark und die Auslage auch nicht schlecht, aber wegen der geringen Höhe der Krucken, so meinte Hans, entspräche er nicht ganz dem Hegeziel, und die Preisrichter bei der Trophäenschau würden keinen Grund zum Beanstanden finden.

Nun hatten wir allen Grund zur Freude. Ein jeder nahm einen Gams in den Rucksack, der Hans den braven Bock und ich das kleine Jährlingsgeißlein. So traten wir stillvergnügt den Heimweg an. Es war schon dunkel, als wir den Bauernhof betraten.

Zum Tottrinken der beiden Stücke saßen wir in froher Runde. Der Alois war heraufgekommen, und der Siegfried, der Bruder von Hans, und der Sepp saß bei uns wie auch Simon, der betagte Vater vom Hans, der ein Stamperl Obstler oder einen roten Kalterer noch immer nicht verachtet. Nach dem zweiten Gläschen Rotwein kommt mein Freund Hans ins Grübeln: „Weißt du, Kurt, du wolltest doch einen Gams zum Einfrieren mit in die Heide nehmen. Was muß denn deine Frau von mir denken, wenn ich dich mit so einem armseligen Gamschen fahren lasse." – „Was willst du damit sagen?" frug ich zurück. „Ach geh, du hast doch noch einen Tag Zeit. Ich geb die Schmalgeiß in unsere Küche, und du schießt morgen noch eine junge, nichtführende Geiß. Einverstanden?"

Wie kann man einem guten Freund eine solche Bitte abschlagen? Natürlich ging es dem Hans nicht in erster Linie um das geringe Wildbret, einen weiteren Gams wollte er mich schießen lassen und bot das Geschenk in einer besonders netten Verpackung an. Wie konnte ich hier also ‚nein' sagen? Einen weiteren Aufstieg vor Augen, beschränkten wir den Alkoholkonsum auf das Allernotwendigste an diesem Abend.

Am nächsten Morgen brachen wir in aller Frühe auf. Ein kurzes Stück tuckerten wir mit dem kleinen Ackerschlepper ins Revier, doch schon bei der ersten höheren Schneewehe war das abenteuerliche Gefährt an der Grenze seiner Einsatzmöglichkeit zu der Gamsjagd im Hochgebirge angelangt, wie man in reinem Beamtendeutsch sagen würde. Das Teischnitztal hatten wir uns dieses Mal zum Ziel erkoren. Nun stapften wir den erst in jüngster Zeit in die Felsen gehauenen Holzabfuhrweg hinauf. Durch den schütteren Lärchenwald ging es einigermaßen zügig voran. Doch als wir oberhalb der Baumgrenze die Hochalm erreichten, warf sich uns der Sturm entgegen, trieb Schnee und Eiskristalle vor sich her und uns mitten ins Gesicht, wenn wir nur einmal den Kopf zu heben wagten. Die Pürsch weiterzumachen oder abzubrechen, das war hier die Frage. Wir einigten uns auf letzteres.

Als das Schneetreiben einmal kurz aufhörte, sahen wir auf dem Gegenhang ein stärkeres Rudel Gamswild. Hier war die Brunft in vollem Gange. Der Platzbock hatte sich ständig seiner Nebenbuhler zu erwehren. Näherte sich einer der jungen Böcke dem Rudel, so setzte wieder und wieder das Ritual des Kräftemessens ein. Über Geröll und Tiefschnee ging die Jagd, bis auch dieser Eindringling abgeschlagen und vertrieben war. Wie oft kehrte der Alte mit offenem Äser zum Rudel zurück und ließ sich vor Erschöpfung in den Schnee fallen. Doch bald erhob er sich wieder, blädderte unwillig und kontrollierte mit erhobenem Windfang die Brunftbereitschaft seines Harems. Vergessen waren für Augenblicke die Strapazen des Aufstiegs. Zwar froren wir zum Gotterbarmen, aber keiner wollte zuerst vom Abstieg reden. Ein weiter, reizvoller Schuß wäre es schon gewesen auf diesen kräftigen Bock mit dem hochgestellten Bart, aber meine gestrige Beute hing ja schon inder Wildkammer. „Ich heb ihn dir für das nächste Jahr auf", sagte Hans, so als hätte er meine Gedanken erraten.

Aus dem Brunftrudel wollten wir keine Geiß schießen, und so stiegen wir schließlich weiter. Vieleicht ergab sich auf den höhergelegenen Karen noch Anblick. Um einen sicheren Halt zu haben, legten wir Steigeisen an. Noch einmal überprüften wir ihren Sitz, und dann ging es los über vom Jochwind freigewehte vereiste Rücken und zugewehte Mulden. Fast eben hatte der Sturm die Landschaft geweht, aber der Schein trog. Wie oft sanken wir bis in die Hüften in den lockeren Schnee.

Bis zu der in 2250 Meter Höhe gelegenen Pifanghütte wollten wir kraxeln. Dort könnten wir in der Mittagsstunde nach allen Seiten

Ausschau halten. Als wir die Hütte erreicht hatten, wurde die Sicht etwas besser. Hoch über uns thronte das eisige Großglocknermassiv. Wohin wir auch blickten, nur Schnee und Eis. Nicht ein einziges Stück Gamswild hatte es in der Hochregion gehalten, sie alle hatte der Schnee in die unteren Lagen getrieben. Nur ganz oben, zur Stüdlhütte hin, sahen wir plötzlich eine Bewegung: Zwei junge Steinböcke waren es mit einer Geiß, die da auf den freigewehten Grasbändern nach Äsung suchten. Als sie einen Grat überquerten und frei gegen den grauen Himmel wie eine Silhouette sichtbar wurden, boten sie ein wunderbares, einprägsames Bild.

Überhaupt das Steinwild in Kals: Im Jahre 1968 bestellten die Kalser Jäger in dem Steinwildrevier am Piz Albris unweit dem Schweizer Pontresina einige Stücke Steinwild, und im Jahr darauf konnten drei Böcke und eine Geiß ausgesetzt werden. Ganz Kals war auf den Beinen, als das Wild zum Arensberg nordöstlich des Dorfes gebracht wurde. Die Freude über den Anblick des stolzen Wildes dauerte aber keine acht Tage, da wechselten die Böcke gar bald aus dem Revier über die Gebirgskette in den Gemeindebezirk Heiligenblut. Doch die Jäger ließen sich nicht entmutigen. Schon im nächsten Jahr kauften sie wieder fünf Geißen und Böcke und setzten sie diesmal mitten im Revier auf der Moaralm im Ködnitztal aus. Das Rudel fühlte sich im Sommer auf den auslaufenden Hängen des Großglockners sichtlich wohl, und im folgenden Frühjahr hatten zwei Geißen schon Kitze gesetzt. Die Wiedereinbürgerung konnte als geglückt betrachtet werden. Später kaufte man noch vier Böcke und zwei Geißen hinzu, die bis auf geringe Verluste überlebten. Im Jahre 1973 taten die Jäger wiederum einen ordentlichen Griff in die Gemeinschaftskasse, die langjährigen Jagdgäste ließen sich auch nicht lumpen, um zwei Böcke und vier Geißen zu erwerben. So wuchs die kleine Kolonie zu einem gesicherten Steinwildvorkommen heran, und die Nachbarreviere sind dabei auch nicht schlecht gefahren. In den letzten Jahren konnte schon der eine oder andere verdienstvolle Jäger einen reifen Steinbock erlegen. Im vergangenen Jahr war es mein Freund Franz, der als erster auswärtiger Jäger den Abschuß eines alten Bockes bewilligt bekam, da er sich bei der Aussetzaktion nicht unwesentlich beteiligt hatte. Es war für ihn ein überwältigendes Erlebnis, von den Früchten einer zähen Arbeit ernten zu können.

Zurück zur Gamsjagd: Mochten wir uns auch noch so sehr die Augen aus dem Kopf schauen, es kam kein Gams über die weißen Flächen gezogen. So packten wir schließlich unsere Sachen und traten den Heimweg an. Dieses Mal wollte Hans nicht den Teischnitzgraben entlang absteigen, sondern den Südhang queren. Mit etwas Glück könnten wir vielleicht von oben an das Gamswild herankommen. Wir waren noch keine halbe Stunde unterwegs und hatten gerade einen Graben durchstiegen, da entdeckten wir zwei-, dreihundert Meter vor uns ein fünfköpfiges Rudel. Eifrig plätzen die Stücke mit ihren Vorderläufen den Schnee. Ein Bock war nicht unter ihnen. Aber abseits des kleinen Rudels stand ein einzelnes, stärkeres Stück. Nach langem Hinschauen erkannte Hans in ihm eine alte Bekannte wieder, eine betagte, hochkruckige Geiß, die in diesem Jahr kein Kitz führte. Ich sollte sie schießen! Irgendetwas sträubte sich jedoch in mir gegen diese großherzige Freigabe. Warum sollte ich dem Freund eine so lange herangehegte, begehrenswerte Trophäe wegschießen und zum anderen: Das war nun wirklich nichts für die Truhe. Nach langem Hin und Her ließ ich mich schließlich zum Schuß überreden. Den Rucksack als Unterlage benutzend, richtete ich meinen Stutzen ordenlich ein und schoß die Alte ... vorbei! Der Schnee hatte den Knall sehr stark gedämpft. Mit langen Fluchten war die Geiß zu dem Rudel geflüchtet. Das setzte sich jedoch nur langsam und zögerlich hangabwärts in Bewegung, und schon nach kurzer Zeit konnten wir beobachten, wie die Geißen wieder zu äsen begannen. Es würde zwar schwer werden, über die große, deckungsfreie Fläche das Rudel noch einmal anzugehen, aber probieren wollten wir es. Ein Umstand kam uns dabei sehr zu Hilfe: Es fing wieder an zu schneien, aus dem Wind wurde wieder Sturm wie am Morgen. Dicke Schneeflocken versperrten die Sicht für Jäger und Gejagte. Als wir schließlich auf etwa einhundertfünfzig Meter an das Rudel herangekommen waren, hatten wir sogleich ein zum Abschuß passendes Stück erspäht. Es war eine junge Geiß, die kein Kitz führte. Die Schläuche interessierten uns kaum. Die Altgeiß war nicht mehr in dem Rudel. Jedenfalls haben wir sie nicht gesehen, und groß Ausschau haben wir nach ihr auch nicht gehalten. Sollte sie ruhig noch ein Jahr älter werden.

Ich sehe heute noch die dicken Schneeflocken vor dem dunklen Wildkörper der Geiß tanzen. Sie stand gegen den Wind und äste, als ich den Zielstachel auf das Blatt richtete und den Abzug berührte. Auf den Schuß hin kein Zeichnen! Auch das übrige Wild blieb stehen. Hatte der Sturm den Büchsenknall geschluckt? Dann schoß ich noch einmal, ein drittes und ein viertes Mal, immer mit dem gleichen Ergebnis. Endlich setzte sich das Rudel hangaufwärts in Bewegung, und das beschossene Stück folgte ihm langsam nach. Als es einmal verhoffte, schoß ich erneut. Nun sah ich, daß es die Kugel mit einer gestreckten Flucht quittierte und in einer kleinen Bodenwelle verschwand. „Wie konntest du nur fünfmal den Gams vorbeischießen?“ frug mich ganz entgeistert mein Begleiter, der ungläubig hinter meinem Rücken das ganze Drama verfolgt hatte. „Wieso vorbeigeschossen?“ erwiderte ich trotzig, „du wirst sehen, sie liegt dort mausetot in der Mulde und alle fünf Kugeln hat sie auch!“

Ungläubig machte sich der Hans auf den Weg, und ich ließ ihn absichtlich weit voraus gehen. Dann sah ich, wie er sich über das gefundene Stück beugte und eifrig die Decke mit den Fingern abtastete. Als er mit dem Stück in der Hand mir entgegen kam, rief er schon von weitem: „Du hast recht, die Gams hat mehrere Einschüsse, alle mittendrauf und hinter dem Blatt, nur eine Kugel sitzt weiter vorn, vermutlich die letzte.“

Die Erklärung für die schlechte Schußleistung war schnell gefunden. Der Sturm hatte das Geschoß (7 × 64, Brenneke-TIG, 10,5 g) abgelenkt und der starke Schneefall möglicherweise auch einen Teil der Energie geschluckt.

Nun hatten wir endlich unser gestecktes Ziel erreicht. Der Tag neigte sich dem Ende zu, und schnell brach die Dunkelheit herein. Der Hans hatte es mit einem Male sehr eilig. Vermutlich erinnerte er sich seiner unversorgten Rinder und strebte mit langen Schritten den heimischen Gefilden zu. Ich hechelte hinterher. Bald hatte ich ihn aus den Augen verloren, aber das machte nichts, ich kannte ja den Steig und konnte zur Not seinen Fußspuren folgen. Endlich sah ich die vertrauten Lichter, und als ich auf den Hof ankam, war ich so richtig fertig. Der Puls raste wie toll, und die Beine zitterten wie Espenlaub. Wollte mir da jemand sagen, daß, wenn man auf die Sechzig geht, man nicht mehr der Allerjüngste ist und mit dem Gamsjagern bald Schluß machen sollte? Ach was, man kann ja auf den Brunftgams verzichten und wieder im sonnigen Oktober ins Reich der Gemsen fahren.

Übrigens hörte das Schneetreiben an diesem Abend nicht mehr auf. Die Aussicht, mehrere Tage in den Bergen einzuschneien, ließ mich nach einer kurzen Vesper überhastet die Heimfahrt antreten. Die Auffahrt bis zum Felber-Tauern-Tunnel verlief noch recht glimpflich, die Abfahrt bis Mittersill war schon mehr eine Rutschpartie, zumal ich noch Sommerreifen fuhr. Wäre nicht ein Räumfahrzeug vor mir hergefahren, hätte ich die Überfahrt über den Paß Thurn sicher nicht geschafft. Erst in Kitzbühel ging der Naßschnee in Regen über.

Der Neidhirsch

Der alte, im Dienst ergraute Oberförster Heidemann hat die Sechzig bereits überschritten und nähert sich dem Alter, das die Beamten das Pensionsalter nennen. Dann kommt der Tag, an dem der aus dem Dienst Scheidende eine feine Urkunde erhält und feierlich aus seinem Amt entlassen wird. Manche, die die meiste Zeit ihres Lebens mit dem Aufarbeiten von Aktenbergen verbracht haben, sehnen diesen Tag inständig herbei. Andere, und dazu gehören gerade und besonders die Forstleute, schieben den Abschied aus dem Dienst so lange wie möglich und beamtenrechtlich zulässig hinaus. Es gibt auch heute noch Förster, die mit ganzer Kraft und voller Hingabe in ihrem Beruf aufgehen und fest mit ihrem Wald und Wild verwachsen sind.

Um diesen braven Menschen den Übergang ins Pensionärsdasein ein wenig zu erleichtern, ist es speziell in Hochwildrevieren ein guter Brauch, ihnen zum Abschied einen Erntehirsch zum Abschuß freizugeben: den sogenannten ‚Pensionshirsch'. Damit der so Beschenkte nicht in Zeitnot gerät, hat er in der Regel zwei oder auch drei Jahre Zeit, sich einen passenden Geweihten auszusuchen. Solch eine Freigabe erhielt auch der gute Heidemann. Der ist auch so ein Typ, ohne den im Revier einfach gar nichts geht, der schlichtweg unersetzlich ist. Jeden zu fällenden Baum hat er selbst ausgezeichnet, jeden Gatterpfahl selbst mit in den Boden gerammt, und jeder Hochsitznagel hat von ihm höchstpersönlich noch eine Schlag aufs Haupt bekommen. Mit dem ganzen modernen Kram wie elektronische Datenverarbeitung und Funkwelle Forst hat er nicht viel im Sinn. Das macht nur alles Mehrarbeit, sagt er immer. Sein Vater habe solche fortschrittlichen Dinge auch nicht gehabt, und so schreibt er mit der Hand schneller als mit der Schreibmaschine. Noch ehe ihm das Rechenzentrum die per Computer erstellten Holzlisten mit der Post ins Haus schickt, hat er nach alter Väter Sitte die eingeschlagenen Holzmassen mit Kopf und Hand errechnet und vergleicht mißtrauisch das Ergebnis der EDV-Anlage mit seinen Berechnungen. Wehe, der Computer hat sich einmal geirrt!

Auch mit den Hirschen nimmt er es sehr genau. Die kennt er – fast – alle. Beobachtungen in der Feiste und in der Brunft werden fein säuberlich in einem ‚Hirschlagerbuch' vermerkt, mit kurzen Angaben über Alter des Hirsches, Endenzahl und Besonderheiten. Eine Skizze von dem Geweih vervollständigt das Ganze. Das Suchen der Abwurfstangen im Frühjahr, an dem sich die ganze Familie beteiligt, liefert zusätzliche Informationen über das Vorhandensein und die Entwicklung interessanter Hirsche.

Als die Freigabe des IA-Hirsches auf Heidemanns Schreibtisch lag, war er darüber nicht so glücklich, wie man es eigentlich hätte erwarten müssen. Zum einen hatte er sich im Sommer dieses Jahres einer Hüftoperation unterziehen müssen und war daher nicht so gut auf den Läufen. Zum anderen konnte er auf Anhieb keinen Hirsch sagen, auf den er ohne wenn und aber ‚Lust' gehabt hätte. So ging er nachdenklich sein Skizzenbuch durch. Kaum ein Hirsch war darin enthalten, der seinen Vorstellungen von einem besonderen Abschiedshirsch entsprochen hätte. Entweder sollte er langstangig und langendig sein, so wie der alte Zwölfer, den der Kollege aus dem Nachbarforstamt vor ein paar Jahren gestreckt hatte. Er könnte auch besonders vielendig sein, oder mit so dicken, kurzen ‚Prügeln', wie ihn der Kollege D. einst erlegte. Zwar hatte sein Chef in der Feistzeit auf der ‚Bachwiese' einen alten, recht eindrucksvollen Vierzehnender gesehen, doch was versteht aus der Sicht eines erfahrenen Revierleiters schon ein Akademiker von den Hirschen?

In seiner Not und Bedrängnis erinnerte sich Heidemann plötzlich eines Abwurfstangenpaares, das im vergangenen Frühjahr in der Nähe der Fütterung von dem passionierten Waldarbeiter Tannenberg gefunden worden war. Der hatte sich die beiden Stangen auf einen künstlichen Schädel setzen lassen und schmückte sein Haus damit. So konnte sich Heidemann beim Betrachten der Abwürfe ein Bild davon machen, wie sein Pensionshirsch in etwa aussehen könnte. Zwar hatten die beiden Stangen des geraden Zwölfers nur wenig mehr als sechs Kilo gewogen, so daß mit ganzem Schädel aus der ganzen Sache nicht mehr als ein Hirsch von sieben bis siebeneinhalb Kilo herauskommen würde, einen gewissen Jahreszuwachs noch hinzugerechnet. Aber, und das war das Besondere an diesem Geweih, die Rosen und die Stangen im unteren Bereich waren auffallend und ungewöhnlich stark, und es war anzunehmen, daß das auch im folgenden Jahr so bleiben würde. Denn es ist eine alte Regel: Im Bereich der unteren Stange und den unteren Sprossen, also Aug-, Eis- und Mittelsprossen verändert sich aufgrund einer erblich bedingten Anlage im Laufe der Jahre ein Geweih in Schwung und Stärke nicht wesentlich. Anders ist es mit der Krone, die sich in Abhängigkeit vom Alter des Hirsches und den äußeren Bedingungen häufig sehr deutlich verändern kann. Wir werden im Laufe der Geschichte noch darauf zurückkommen.

Die dreiendigen Kronen des Zwölfers waren nicht sonderlich beeindruckend. Beide Stangen endeten in einer auffälligen Gabel, und zwischen der Mittelsprosse und der Gabel ragte eine recht lange Wolfssprosse hervor. Die Rotwildkenner nennen so etwas eine Leiterkrone. Und da der nordamerikanische Hirsch, der Wapiti, eben solche Leiterkrone besitzt, nannte Heidemann seinen Zwölfer schlichtweg den ‚Wapiti'.

Nun hatte der fleißige Tannenberg zwar die Abwürfe im heimischen Revier gefunden und behauptete auch felsenfest, den Hirsch in der diesjährigen Feiste gesehen zu haben, Heidemann selbst jedoch hatte den Zwölfer weder je lebendig beobachten können, noch wußte er, wo der Hirsch brunftet. Also nahm er ein weißes Blatt Papier und zeichnete fein säuberlich, die vorjährigen Abwürfe als Vorlage benutzend, das Bild seines Wapiti. Er war der festen Überzeugung, daß der Hirsch auch in diesem Jahr so oder ganz ähnlich aussehen würde. Diesen ‚Steckbrief' verteilte er im Kreise seiner Kollegen, und auch die Herren im Büro des Forstamtes erhielten eine Fotokopie. Verbunden war mit der Überreichung der Skizze der Wunsch, man möge ihn benachrichtigen, sobald der Hirsch irgendwo auftauchte. Dann ließe sich sicher ein revierübergreifender Abschuß durchführen.

Es kam die Brunft. Wann immer Heidemann mit einem Förster zusammenkam oder ihn seine Jagdhelfer besuchten, immer sprach man über den Wapiti und wo er wohl stecken würde. Gesehen hatte ihn aber niemand.

Der Oberförster Berger, der mit seinem Pürschbezirk unmittelbar an die östliche Hälfte des Heidemannschen Revieres angrenzt, war in der Brunft auch jeden Tag auf den Läufen. Morgens und abends raus ins Revier, das zerrt an der Substanz, da nimmt man ab wie ein Brunfthirsch. Berger hatte in dem Jahr, in dem diese Geschichte handelt, selbst einen Hirsch zum Abschuß frei. Keinen Erntehirsch, aber einen der Klasse IIb/Ib. Das konnte ein ungerader Kronenhirsch ohne Alters- und Gewichtsbegrenzung nach oben sein oder ein Kronenzehner, oder was sonst noch die Abschußrichtlinien als Abschußhirsch gelten lassen. Auch Berger trug das Konterfei des Wapiti in seiner Brusttasche mit sich und hätte seinen Kollegen sicher umgehend unterrichtet, hätte er auch nur den leisesten Verdacht, daß sich der Sagenhirsch in seinem Bezirk aufhält. Schließlich gönnte doch jeder dem Heidemann den stärksten Hirsch des Amtes.

Wenn man bedenkt, daß – allen anderslautenden Zeitungsmeldungen zum Trotz – auch in den dicksten Rotwildrevieren die Förster nicht jedes Jahr einen Hirsch zum Abschuß freihaben, wird es verständlich, daß dann auch nicht auf den erstbesten Abschußhirsch Dampf gemacht wird, der einem über den Weg läuft. Da wird fein abgewogen, ob der Hirsch denn auch wirklich richtig ist, ob das Alter stimmt und ob das Geweih auch etwas hermacht. Das hat nichts mit dem vielgeschmähten Trophäenkult zu tun, das ist ganz menschlich. Wer die Wahl hat, wird sie auch nutzen, gleich in welchem Bereich menschlichen Handelns.

Berger ließ sich mit seinem Hirsch Zeit und genoß die Vorfreude, die ja bekanntlich eine der schönsten ist. Als die Brunft gerade einem ersten Höhepunkt zusteuerte, hatte er bereits zwei zahlende Jagdgäste zu Schuß gebracht, beides Herren aus dem Ministerium. Der erste war an einem Montagnachmittag angereist. Verstopfte Autobahnen, Terminhetze und Sonnenglut hatten den Herrn Ministerialdirektor sichtlich genervt, doch als er den strengen dunkelblauen Anzug mit dem weichen Lodengrün vertauscht hatte, fühlte er sich gleich viel besser.

Berger führte den Gast ins Diepmoor, eine mit nur wenigen Birken bestandene, versumpfte und mit alten Torfstichen durchzogene Bentgrasfläche. Ziel war ein schmaler, eingegrünter Feuerschutzstreifen, auf dem das Rotwild gern äste. Um in diesem unerschlossenen Gelände Moor- und Heidebrände löschen zu können, hatte die Forstverwaltung am Rande des Moores eine schnurgerade Sandbahn aufschütten lassen, die auch schwere Tanklöschfahrzeuge tragen konnte. Auf diesem Weg ließ es sich vorzüglich pürschen.

Apropos Heidebrand: Da residierte einst in der Lüneburger Heide auf einem großen Forstamt ein Revierverwalter namens Heidebrand. Nun geschah es, daß eines Tages ein Volksschullehrer mit seiner Klasse eine Ausflug machte und mit seinen Kindern längs einer festen Straße wanderte. Da entdeckte er plötzlich ein kleines Bodenfeuer, das offensichtlich durch eine weggeworfene Zigarettenkippe entstanden war. Von einem vorüberfahrenden Autofahrer ließ er sich zur nächsten Telefonzelle bringen und rief pflichtgemäß das nächste Forstamt an. Hier meldete sich der Forstamtsleiter kurz und bündig: „Heidebrand", worauf der Schulmeister aufgeregt erwiderte: „Nein, nein, so schlimm ist es noch nicht, es handelt sich hier nur um einen Grasbrand neben der Straße!"

Zurück zum Diepmoor: Auf der Kanzel angekommen, mußten die beiden Jäger zunächst feststellen, daß die Trockengrasfläche leer war. Nur ein einzelnes, dunkelrotes Stück Rehwild bildete einen markanten Farbtupfer in dem einfarbigen Grashalmenmeer. Alles deutete darauf hin, daß es ein stimmungsvoller Brunftabend werden würde. Die Luft war still, und von Ferne hörte man einzelne Hirsche anstoßen. Kein Geschützdonner und kein Rasseln von Panzerketten erfüllte den Truppenübungsplatz. Nur Stille rundumher.

Da, am östlichen Rand des Moores entsteht Bewegung, und gedämpft schallt der Ruf eines Hirsches herüber. Noch ehe der Gast das Rudel wahrgenommen hat, kramt Berger sein Spektiv aus dem Rucksack hervor und richtet es auf das Rotwild. Endlich hat er den Hirsch im Glase, und mit Hilfe der starken Vergrößerung kann er erkennen, daß es sich um den Hirsch handelt, um dessentwegen er hier auf dem Hochsitz hockt. Am Abend zuvor hatte er hier den Geweihten bestätigt: Ein alter Hirsch mit eisgrauem Haupt und starkem Träger. Der massige, tiefe Rumpf hatte noch nichts von den Feistzeitreserven verloren. Ein armer Stubenhocker der, der solchen Hirsch nicht auf sein Alter ansprechen kann. Das Geweih, so erklärte Berger seinem Begleiter, ist recht markant: die Stangen lang und ohne viel Schwung fast gerade aus dem Schädel gewachsen. Kurze Enden mit nur geringen Kronen machen das Geweih ein wenig leer; auch die kurzen, flach über das Haupt hinwegstreichenden Augsprossen lassen den Hirsch alt erscheinen.

„Von diesem Sitz aus ist der Hirsch an diesem Abend nicht mehr zu bekommen“, stellt Berger nüchtern fest, „zumal sich das Wild weiter in Richtung Osten in Bewegung setzt. Der weitere Erfolg unseres Unternehmens wird davon abhängen, wie weit sie ihre Füße gebrauchen können, trauen Sie sich eine flotten Fußmarsch zu?“ – „Wenn Sie nichts Unmögliches von mir verlangen, bin ich dabei!“ – „Dann werden wir jetzt den Hochsitz verlassen und mit schnellen Schritten auf der Sandbahn dem Rudel nacheilen. Wenn es auf die großen Wiesenflächen am Heiersfeld zieht, haben wir vielleicht eine Chance. Sehen Sie dort am Ende des Moores das kleine Wäldchen?“ Und ohne eine Antwort abzuwarten, fährt Berger fort: „Die Ausläufer dieses Gehölzes ragen in die Freiflächen des Heiersfeldes hinein, und wenn wir dort hingelangen, dann könnte es klappen.“

Hastig stapfen die beiden durch den tiefen Sand, daß die Lungen ordentlich pfeifen. Am Wäldchen angekommen, biegt Berger rechtwinklig in einen schmalen Waldweg ein, dem zu folgen den Jägern zunächst keine Schwierigkeiten bereitet. Die in den unteren, feuchteren Partien angesiedelten Erlen und Weiden bieten zu den Freiflächen hin guten Schutz. Doch je mehr das Gelände ansteigt, um so lichter wird der Bestand und geht in einen lockeren Eichen-Birkenwald über. Als der Weg schließlich nach links ins freie Feld abbiegt, sind die beiden gezwungen, durch den Bestand weiterzupürschen.

Just in dem Augenblick, in dem sie ein wenig verschnaufen, erhebt sich in ihrer Nähe ein Damspießer aus dem Bett und springt mit ungelenkten Fluchten ab in Richtung Freifläche, ab Richtung Rudel. „Wenn das man gutgeht“, sagt der Oberförster, „hoffentlich springt jetzt nicht das ganze Rudel ab.“ Angespannt lauschen die beiden Männer zu dem Brunftrudel hin, es scheint alles gutgegangen zu sein.

Nun heißt es auch für den hohen Ministerialbeamten auf den Boden und auf allen vieren Richtung Bestandesrand zu kriechen. Berger spürt, daß dem Fremden diese Art zu jagen weit mehr bedeutet, als von einem Hochsitz aus den ‚angebundenen Trophäenträger‘ zu erlegen, und nickt ihm anerkennend zu, wenn es wieder einmal gelang, eine schwierige Passage zu überwinden.

„Dort vor uns, neben der dicken Eiche, haben übende Soldaten es versäumt, einen Schützengraben wieder zuzuschütten“, flüstert Berger seinem Gefährten zu, „das wäre ein idealer Platz für uns, aber leicht wird es nicht, dorthin zu gelangen.“

Schon sind die Rücken des äsenden Kahlwildes zu sehen und ab und an auch das Haupt eines sichernden Alttieres. Der Platzhirsch ist ständig in Bewegung, und auch wenn sein Körper von einer flachen Bodenwelle meist verdeckt ist, schwebt sein Geweih von einem Ende des Rudels zum anderen. Endlich ist die Bodenvertiefung mit dem aufgeworfenen Sandwall erreicht, und nun können die Jäger tief durchatmen und den aus allen Poren drängenden Schweiß abwischen.

Links neben dem auf Schußentfernung stehenden Brunftrudel äst ein kleines Rudel Damwild. Das hatte den aus dem Bestand heranflüchtenden Spießer aufgenommen und so ein Abrücken der ganzen Gesellschaft verhindert. Kein Zweifel, der dort schreiende und sich der Beihirsche erwehrende Kronenhirsch ist der Gesuchte. Berger bittet den Gast zu schießen, sobald sich eine günstige Gelegenheit ergibt. Wie schnell kann in der Abendstunde der Wind küseln und alle Anstrengungen zunichte machen. Ehe es zu dem krönenden Abschluß kommt, blickt Berger noch einmal in Richtung Süden, wo am Horizont eine von kleineren Aufforstungen unterbrochene Heidefläche beginnt, die man die ‚Südbosteler Heide' nennt. Von dort her klingt die Stimme eines alten Hirsches herüber, und bald kann Berger das Rudel ausmachen. Offensichtlich haben die beiden alten Kämpen das hier ansässige Kahlwild geteilt und halten den gebührenden Abstand voneinander. Wegen der großen Entfernung gelingt es dem erfahrenen Rotwildjäger jedoch nicht mehr, den Hirsch genau anzusprechen. So viel steht für ihn jedoch fest, es handelt sich dort um einen reifen Kronenhirsch, der jedoch nichts Ungewöhnliches auf dem Haupte trägt.

Der Blick in die Ferne wird jäh unterbrochen, gilt es doch, das Geschehen vor Ort im Auge zu behalten: Da hat sich ein im Wildkörper recht kräftiger Spießer zu nahe an das Rudel herangewagt, und schon kommt der alte Platzhirsch und bringt ihn auf Trab. Mit stoßweise herausgeschleudertem Sprengruf folgt der Alte dem Schneider bis an den Waldrand. Als er dann wendet und sich wieder seinem Harem nähert, hat er noch eine Chance, sein nahes Ende abzuwenden: Der Jagdgast hat schon den Zielstachel auf das Blatt gerichtet und wartet den Augenblick ab, wo der Hirsch verhoffen möge, da läßt sich dieser fast ohne Übergang auf den Boden fallen, reckt sich, streckt sich und schließt die Lichter. Hätte sein Schlaf bis zum Einbruch der Dunkelheit gedauert, keine Kugel hätte ihn je ereilen können. Doch Brunft ist Brunft, da schläft kein Hirsch wie in der Feiste, da hält ihn Kampf, Unrast und begehrliches Werben in Atem. Man hätte eine Zigarette zu Ende rauchen können, da trieb es den Zehner schon wieder auf die Läufe, und die Kugel aus der .308 Winchester traf ihn ins Leben. Da half keine stürmische Flucht hinter dem davoneilenden Kahlwild, da war alles vorbei. Ein braver I-Hirsch lag zur Strecke. Der Jäger aus der Bundeshauptstadt war überglücklich. Berger überreichte den Bruch frohen und reinen Herzens. Erst als man das Geweih immer wieder und von allen Seiten betrachtete, da sprach der gute Berger zu sich selbst: Hättest du diesen Hirsch vielleicht doch selber ...?

Doch solche Gedanken waren längst verflogen wie die Spinnweben im Wind, als sich ein anderer Jagdgast auf einen Abschußhirsch angesagt hatte. IIb oder Ib lautete die Freigabe. Natürlich wäre ihm am liebsten ein Ib-Hirsch, sagte er ganz unverblümt, je älter und je stärker, um so besser. Das hat doch mit dem vielgeschmähten Trophäenkult nichts zu tun, das ist doch allzu menschlich.

Wenn zuvor von dem Heiersfeld und der Südbosteler Heide die Rede war, so gibt es östlich dieser beiden Forstorte noch eine dritten Brunftplatz, der seit langer Zeit ›das Fuchswäldchen‹ heißt. Man muß sich diese drei Plätze wie ein gleichseitiges Dreieck vorstellen, an jedem Endpunkt einen Brunftplatz. Links das Fuchswäldchen, rechts übereinander die beiden anderen. In dem lichten Eichen-Birkenwald, in dem es dichte, undurchdringliche Adlerfarnhorste gibt, fühlt sich das Rotwild recht wohl. Man sagt ja, daß sich unter dem Farndach weniger Plagegeister wie Zecken, Mücken oder Bremsen aufhalten sollen. Ob es stimmt, vermag ich nicht zu beurteilen. Zur Äsung und zur Brunft zieht das Wild gern auf einen Wildacker, der, im Westen des Forstes gelegen, von zwei Waldflanken umrahmt wird. In dem fraglichen Herbst war das Feld als Dauergrünäsungsfläche (ein schreckliches Wort, aber es trifft die Beschreibung genau) angelegt und vom Rotwild bevorzugt angenommen worden.

Als Oberförster Berger diese Fläche so eines frühen Nachmittags inspizierte, da sah er aus sicherer Entfernung ein siebenköpfiges Kahlwildrudel und mittendrin einen braven Hirsch. Links Eissprossenzehner, rechts Kronenachter (!). Über der langen, stark nach oben geschwungenen Augsprosse fehlten sowohl die Eis- als auch die Mittelsprosse. Solch einen Hirsch, selbst wenn er nur mittelalt gewesen

Nach erfolgreicher Gamsjagd

Ein nicht alltäglicher Pfad für einen Flachlandjäger

Drei- und sechsjährig – und doch die gleiche Maske

wäre, hätte man jedem Gast anbieten können, aber dieser hier schien vom zwölften Kopf nicht weit entfernt. Also ran ans Telefon: „Herr Doktor, können Sie nicht morgen schon kommen? Ich habe da eine interessanten Hirsch, vielleicht steht er dann noch auf dem gleichen Platz, die alten Hirsche werden ja bald schon abgeschlagen." – „Ich habe aber nur einen Abend und einen Morgen Zeit, soll ich dafür die weite Fahrt wagen?" So tönte es aus der Leitung zurück. „Kommen Sie nur, wir können es doch wenigstens versuchen. Anbinden kann ich den Hirsch natürlich nicht."

Zur verabredeten Zeit stand der Wagen auf dem Hof des Forsthauses. Herzliche Begrüßung zwischen zwei Jägern, die sich bereits kannten. Nach kurzem Plausch und einem erfrischenden Kaffee geht es hinaus ins Revier. Es ist noch warm an diesem späten Nachmittag, ein Hoch drängt erwärmte Luft aus dem Osten in die Heide. Wie oft gibt es hier noch heiße Tage in der Septemberbrunft, die die Hirsche ermatten und die Brunft abflauen lassen. Berger erinnert sich noch ungern an solch einen Herbsttag ein paar Jahre zuvor. An einem lauwarmen Brunftmorgen hatte Freund Heino nach einer aufregenden, schweißtreibenden Pürsch einen braven IIb-Hirsch erlegt. Wegen des drohenden Scharfschießens auf dem Truppenübungsplatz mußte der aufgebrochene Hirsch in der sonnenüberfluteten Heide zurückgelassen werden. Erst nach Beendigung des Panzerschießens, nach etwa neun Stunden, konnte das Stück geborgen und dem Wildhändler angeboten werden. Doch das Wildbret war bereits kupfrig verfärbt, und ein widerlicher süßlicher Geruch ließ nichts anderes zu, als den Hirsch dem Abdecker zuzuführen.

Berger wollte mit dem Doktor auf den Wildacker am Fuchswäldchen, doch der Hochsitz war für Westwind ausgerichtet, wie die meisten Kanzeln und Leitern im Revier, denn aus dieser Richtung weht in Norddeutschland der Wind am häufigsten. Da muß man bei östlichen oder südlichen Winden improvisieren. Über holprige Wege und zerfurchte Panzerpisten fuhr der Pürschführer mit seinem geländegängigen Wagen bis an den Rand der Südbosteler Heide. Hier ließ er seinen Gast aussteigen. Wer einmal als Soldat auf einem Truppenübungsplatz in der Lüneburger Heide geübt hat, der weiß, wie sehr das Gelände einer Mondlandschaft gleichen kann. Aber das Wild fühlt sich wohl auf solch einem Platz. Außerhalb der Übungszeiten kann es sich in dem für jedermann gesperrten Gelände artgerecht verhalten, kann seinem natürlichen Lebensrhythmus nachgehen. Rotwild zeigt sich wieder als Steppenwild, das es einst war, und man kann beobachten, daß auch das Schwarzwild von seiner genetischen Veranlagung her kein Nachtwild ist.

Es war durchaus zu erwarten, daß auch an diesem übungsfreien Tage das Rotwild nicht in den geschlossenen Waldeinständen, sondern auf den Freiflächen anzutreffen sein würde. Berger lenkte seine Schritte über Heide, Sand und kniehohes Gras Richtung Fuchswäldchen. Parka, Hut, Glas, Rucksack, all das war lästig bei diesem Geländemarsch und dieser Wärme. Allmählich näherten die beiden sich einem Punkt, von dem aus man aus fünf- bis sechshundert Metern Entfernung einen Blick auf den Wildacker werfen konnte. Und richtig, da saß zwischen Gras und Klee das Rudel, dösend, schlafend, wiederkauend, und mittendrin der Hirsch. Sie hatten schon recht, die alten Praktiker, die zu erzählen wußten, daß der Hirsch in der Hochbrunft sein Rudel nicht verläßt. Wie soll da ein Wildbiologe in unserer Zeit zu solchen Erkenntnissen gelangen, wenn er das Rotwild nur aus Gehegen oder als Nachtwild kennt.

Nun hieß es für die Jäger, das Wild von der offenen Flanke des Wildackers her anzugehen. Wahrlich kein leichtes Unterfangen. Von ‚gehen' konnte ohnehin keine Rede sein, denn es folgte die schweißtreibende Prozedur des Kriechens, Robbens und Schleichens. Jeder Strauch, jede Rinne, jeder Baum wird als Deckung genutzt, um gegen den Wind voranzukommen. Da mag das Rotwild noch so einen vertrauten, schläfrigen Eindruck machen, keine Bewegung, kein fremdartiges Geräusch und kein falscher Wind entgeht den erfahrenen Alttieren. – „Berger, bei Ihnen wird nicht nur das Rotwild gejagt, Sie scheuchen auch ganz schön die Gäste", entfuhr es während einer kurzen Atempause dem Jäger aus der Stadt. – „Schon gut", erwiderte der Oberförster, „Sie wollen sich doch Ihren Hirsch erarbeiten und nicht wie einen Anzug von der Kleiderstange kaufen, oder?" Kopfnicken auf der anderen Seite. „Also, bis zu den Ginsterbüschen da vorn werden wir uns noch vorschlängeln, dann sind wir dran!"

Fünfzig Meter, dreißig, zwanzig, zehn, dann ist es endlich geschafft. Längst haben die beiden alle überflüssigen Utensilien im Gelände zurückgelassen, der Doktor hält nur noch seine Büchse fest in den

Händen. Der Hirsch schläft nach wie vor den Schlaf des Gerechten. Es sieht ganz so aus, als würde man sich auf eine längere Wartezeit einrichten müssen. Schadet auch nichts, denn dann können sich Körper und Nerven wieder beruhigen, was für einen sicheren Schuß gut ist.

Im nahen Fuchswäldchen schreit sehnsuchtsvoll ein Hirsch. Einmal, zweimal. Der alte Zehnender wirft auf, schüttelt griesgrämig sein Haupt. Da ist wieder das Röhren des suchenden Rivalen. Der Platzhirsch erhebt sich, setzt zu einem markigen Kampfruf an, da fällt der Schuß. Auf der Stelle wirft es ihn zu Boden, er legt sich auf die Ausschußseite, wendet noch ein paar Mal das Haupt, dann ist es aus.

Ehrfurchtsvoll betrachten die beiden Waidmänner das starke Geweih. Berger ist überrascht, wie stark die Rosen und die Stangen sind. Endenzahl, Krone, Stangenlänge und Auslage, das läßt sich vor dem Schuß immer zuverlässig ansprechen, aber bei der Stangenstärke und den Rosen, da gibt es oft Überraschungen, nach oben wie nach unten. Berger läßt seinen Gast nicht anmerken, daß er den Hirsch vielleicht doch für eine ‚Nummer zu groß' hält, freut sich mit dem Erleger über seinen, wie er es ausdrückt, ‚Lebenshirsch'. Doch für einen Augenblick kommt ihm beim Anblick dieser starken Trophäe der Gedanke, ob er diesen Hirsch nicht doch besser selber hätte ...

Ein jagdbeflissener Rentner namens Fritz besorgt das Abkochen der Gästehirsche. Es macht ihm Spaß, und umsonst verrichtet er diese Dienste auch nicht. Den Abschußnehmern ist dieses Angebot nur recht, denn wer von ihnen kann schon in einer modernen Stadtwohnung den Schädel einer stattlichen Hirschtrophäe abkochen. Da werden die zusätzlichen Kosten gern in Kauf genommen. Und wer sich von den Einheimischen dafür interessiert, was für ein Hirsch im Heideforstamt und von wem und unter wessen Führung geschossen wurde, der geht einmal ganz zufällig bei Fritz vorbei und stillt seinen Wissensdurst. Neugierig sind ja bekanntlich nur alte Weiber.

Bei solch einer Besichtigung der Fritzschen Abkochkammer soll es zu folgendem Dialog gekommen sein:

Fritz: „Sagen Sie mal, Herr Sommer, der Berger, der hat doch einen Ib-Hirsch frei und hat jetzt schon zwei wirklich gute Hirsche von Gästen schießen lassen. Können Sie sich das erklären?"

Sommer: „Nein, Herr Fritz, darüber hab' ich noch nicht nachgedacht. Vieleicht wird er älter."

Fritz: „Ich kann mir schon denken, was dahintersteckt. So wie ich den Berger kenne, hat der noch was ganz Besonderes in petto, warten Sie mal ab!" – Sprach's und pulte weiter Wildbretreste aus dem Schädel eines geringen Achters, den er gerade abgekocht hatte.

Die Hirschbrunft des Jahres 1989 geht ihrem Höhepunkt entgegen. Es ist Mitte September, und seit Ende August schreien die Hirsche, wie es in diesem Teil der Südheide üblich ist. Der alte Heidemann ist noch immer auf der Suche nach seinem ‚Wapiti'. Auch Berger mustert rastlos ‚seine' Brunftplätze. Viele alte Bekannte findet er unter seinen Hirschen wieder, aber auch hoffnungsvollen Nachwuchs.

Eines Tages sitzt er mit seiner Frau auf dem Hochsitz am Fuchsberg, einem nach dem Muster der Dreifelderwirtschaft bestellten Wildakker: Ein Drittel Daueräsungsfläche (Gras-Klee-Gemisch), ein Drittel Winterraps und ein Drittel Lupine zur Bodenverbesserung. Hier auf diesem flachen Heidhügel brunftet seit Jahren ein dünnstangiger, vielendiger Kronenhirsch. Im vergangenen Jahr war er ein ungerader Achtzehnender; auf der linken Seite waren fünf Enden in der Krone zu zählen, die auf der leicht nach vorn geschwungenen Stange wie die Zacken eines Hahnenkammes angeordnet waren. Der Hirsch war im Jahre 1988 sicher vom 11. bis 12. Kopf, dürfte in diesem Jahr sicher das Reifealter erreicht haben. Berger braucht nicht lange zu warten. Auf der der Kanzel gegenüberliegenden Seite tritt Stück für Stück eines größeren Rudels aus. Es mögen sieben oder acht Alttiere mit ihren Kälbern sein, und auch zwei Schmaltiere sind dabei. Die Sonne bricht immer wieder aus dem nur leicht bewölkten Himmel hervor und schafft ein wechselvolles Bild. Da tritt nach einiger Zeit der Platzhirsch auf den Plan, der sich vorab schon durch kurzes Knören angekündigt hatte. Es ist der erwartete, der aus den Vorjahren bekannte ‚Hahnenkamm'. Älter ist er geworden, grauer das Haupt und eingefallener die Flanken. Noch kann er sich der Beihirsche erwehren, aber es ist fraglich, ob er noch im folgenden Jahr diesen Platz hier behaupten kann. Auch das Geweih ist deutlich zurückgesetzt, ganze zwölf Enden bringt es nur noch zusammen.

Der Oberförster überlegt für einen Augenblick, ob man aus einem Hirsch mit beidseitiger Krone nicht einen Abschußhirsch machen könnte. Wenn das Gewicht des Geweihs unter fünf Kilo läge, dann wäre er richtig. Hätte er mehr, dann ist es ein Ia-Hirsch und damit tabu. Ach, was haben wir uns bei der Jagd doch für Beschränkungen auferlegt, geht es dem erfahrenen Rotwildjäger durch den Kopf, kein Wunder, wenn mancherorts die Rotwildbestände zu hoch werden. „Du, schieß doch den Hirsch", sagt Bergers Frau, „der ist doch wirklich alt, dazu braucht man nicht Jagdwissenschaft studiert zu haben, um das zu sehen. Und wenn er wirklich zweihundert Gramm zuviel hat, wer will Dir das schon übelnehmen? Na mach schon!" Sie schaut ihren Mann auffordernd von der Seite an. Der zögert einen kurzen Augenblick, dann sagt er bestimmt: „Nein, der Hirsch hat mehr als fünf Kilo auf dem Haupt, vielleicht ein halbes Kilo zuviel, das nimmt mir keiner ab, daß ich das nicht vorher gesehen habe, lassen wir ihn laufen, vielleicht kommt er nächstes Jahr wieder. Laß uns aufbrechen!"

Fast bis unter den Sitz zieht der Hirsch, als wolle er sagen: ‚Du tust mir ja doch nichts'. Jede Perle, jede Leiste kann Berger ansprechen, auch den grauen Haarkranz um Lichter und Windfang. Dann endlich bekommt eines der Tiere Wind, und unschlüssig und ohne Hast verdrückt sich die Gesellschaft.

Berger lenkt seinen Wagen ziemlich planlos durchs Revier. Er hält hier einmal, um die Hirsche zu verhören und wirft dort einen kurzen Blick auf einen Wildacker. Nach dem Erlebnis am Fuchsberg ist ihm, als sei er jagdlich ausreichend an diesem Abend beschenkt worden. Der Tag neigt sich ohnehin dem Ende zu. Leichte Nebelschwaden schieben sich über die Niederungen. Da entschließt sich Berger zu einem letzten Versuch: er möchte zur Südbosteler Heide noch einen Abstecher machen. Da ist er lange nicht mehr gewesen, und die Luft ist dort frei von Dunst und Nebel. Der Oberförster erinnert sich an den Abend, als er den Ministerialbeamten zu Schuß brachte und wie dort Richtung Heide ein Brunftrudel zu sehen war. Und es fällt ihm weiter auf, daß dort seit Jahren ein Hirsch brunftet, der des Anschauens wert wäre.

Im Jahre 1987 hatte Berger mehrmals das südbosteler Rudel angepirscht und den Platzhirsch fotografiert. Das machte oft genausoviel Spaß wie das Führen von Gästen, manchmal sogar mehr. Daß das Fotografieren von Tieren, insbesondere von Hirschen, auch nützliche Seiten haben kann, werden wir später noch erfahren. Schon in diesem Jahre fiel dem Beamten auf, daß der Platzhirsch von überaus kräftiger

Statur und daher das Geweih vergleichsweise eher als durchschnittlich anzusprechen war. Links trug er eine Kronenzehnerstange, die Krone selbst war gefächert, eine Eissprosse nicht vorhanden. Die rechte Stange wich von der linken deutlich ab. Hier zeigte sich ein langer Eissproß, und statt in einer Krone endete die Stange in einer nicht alltäglichen Gabel. An der Stelle nämlich, an der sich die Stange gabelte, wuchs das hintere Gabelende zunächst im rechten Winkel nach hinten, um dann steil nach oben abzuknicken und parallel zum Stangenende in gleicher Länge zu enden. Die Gabel hatte, vereinfacht ausgedrückt, die Form eines großen U.

Diesen Hirsch hätte man ohne weiteres als Abschußhirsch schießen lassen können; und hätte ihn 1987 wer auch immer erlegt, kein Sterbenswörtchen wäre zwei Jahre später mehr über ihn gefallen.

Im Jahre 1988 sah Berger dann den Heidehirsch erneut. Nun war aus dem ungeraden Kronenzehner ein regelmäßiger Zwölfender geworden. Eissprossen auf beiden Seiten wie auch dreiendige Kronen. An der rechten Stange konnte man den Hirsch sehr leicht an der charakteristischen, U-förmigen Gabel erkennen, nur daß sich unter dieser noch ein deutlicher Wolfssproß gebildet hatte. Das ganze Geweih machte einen recht ebenmäßigen und braven Eindruck, ohne das es einen ‚vom Stuhl riß', wie man so sagt, wenn man nichts Außergewöhnliches vor sich hat. Jedenfalls betrachtete Berger diesen Zwölfer als einen von vielen Kronenhirschen, die während der Brunft sich auf dem großen Truppenübungsplatz ein Stelldichein gaben. Am Ende der Brunft hatte er diesen Hirsch einmal sogar bis auf wenige Schritte vor sich, und das kam so: Berger kroch das Rudel an, um den Hirsch noch einmal zu fotografieren. Da muß der brunfttolle Hirsch ihn wohl für einen Rivalen oder ein passendes Stück Kahlwild gehalten haben, jedenfalls stürmte er heran, verhoffte einige Sekunden vor der ihm unbekannten Erscheinung und suchte dann erschrocken das Weite, nicht jedoch, ohne dem verdutzten Menschen die Gelegenheit zu ein paar interessanten Aufnahmen gegeben zu haben. Deutlich hob sich damals das Geweih gegen den wolkenlosen Himmel ab und ließ kein Ende im Verborgenen.

Kehren wir wieder zu der Abendpirsch im Jahre 1989 in die Südbosteler Heide zurück: Sei es Zufall, sei es eine besondere Laune des Schicksals, oder sei es gar die vielzitierte Standorttreue älterer Brunfthirsche, kurzum, auf der Heide steht ein vielköpfiges Rudel Kahlwild mit dem zuvor beschriebenen Hirsch. Das Rotwild hat das herannahende Fahrzeug nicht gestört, und so kann Berger zunächst mit dem Glas, dann mit dem Spektiv ausgiebig das Geweih betrachten. Noch ist das Licht ausreichend. In diesem Jahr hat der Hirsch, und das fällt Berger sogleich auf, auf der rechten Seite wieder nur die berühmte Gabel. Die Wolfssprosse ist verschwunden. An dem vorderen Gabelende hat sich jedoch noch ein kurzes, weißpoliertes Endchen gebildet, das man getrost übersehen kann.

„Was ist das für ein Hirsch?" ruft eine weibliche Stimme aus dem Inneren des Wagens. Frau Berger spürt, daß hier und heute eine Entscheidung fällt, so lange hat ihr Mann selten einen Hirsch angesprochen. „Es ist ein ungerader Kronenhirsch und ein ganz alter dazu, ich glaube, den schieße ich", gibt Berger zurück. „Aber doch nicht vom Auto aus!" – „Um Gottes Willen, das ist doch viel zu weit, da muß ich näher ran, bleib du im Wagen und drück mir die Daumen!" Berger lädt seine Büchse, den kleinen, handlichen Blaser-Stutzen mit der 7 × 64 Patrone, die eigentlich für den schweren Brunfthirsch eine Nummer zu schwach ist. Im Schutze einer einzeln stehenden, knorrigen, tiefbeasteten Kiefer versucht er, näher an das Rudel heranzukommen. Die einsetzende Dämmerung begünstigt das Unternehmen, vertrauter ist das Kahlwild geworden. Als sich Berger an dem dickborkigen Stamm der Kiefer aufrichtet, muß ein Alttier wohl doch etwas mitbekommen haben. Sogleich setzt sich das Rudel in Bewegung. Der Jäger hat den Hirsch längst im Zielfernrohr, und als dieser für einen kurzen Augenblick hinter dem Rudel verhofft, bricht der Schuß. Schicksal nehme deinen Lauf! Kugelschlag tönt herüber, und der Schütze weiß, daß der Hirsch mit diesem Schuß nicht mehr weit gehen wird. Angespannt folgt er wenig später der Fluchtfährte, und da leuchten auch schon drei helle Enden aus dem herbstdürren Gras hervor. Der Hirsch liegt, das Suchen hat ein Ende. Alles ist wie angesprochen, die Krone links, die Gabel rechts mit dem kurzen „Klebende". Doch was sind das für Rosen, was für starke Stangen!

Der Erleger ist überglücklich. „Hast du solch einen Hirsch überhaupt frei?" fragt Frau Berger besorgt ihren Mann, als sie gemeinsam vor dem Recken stehen. „Aber ja doch", gibt dieser zurück, „bei einem ungeraden Kronenhirsch spielt es bei diesem Alter doch keine Rolle, wieviel das Geweih wiegt. Selbst wenn es acht Kilo wären, der Hirsch ist immer richtig. Komm, freu dich mit mir, solch einen Burschen schießt man nicht alle Tage!"

Als nach dem Hereinbrechen der Nacht der Hirsch geborgen und auf dem Hof des Forsthauses zur Strecke gelegt ist, geht Berger bei dem hellen Schein der Hoflampe noch einmal allein nach draußen, um sich das, was wir so einfach unsere Beute nennen, zu betrachten. Er will das Geweih in aller Ruhe betrachten, es mit den Händen fassen, um seine Stärke richtig zu erfassen, es endgültig in Besitz nehmen. Da stellt sich ihm mit einem Schlage die Frage, wo er diese Rosen, diese Eissprossen, diese Leiterkrone schon einmal gesehen hat? Er braucht einige Zeit zum Grübeln. Plötzlich ein Gedanke, er greift in die Brusttasche seines Dienstrockes und zieht den zerknitterten, leicht vergilbten ‚Steckbrief' über den verschollenen ‚Wapiti' hervor. Das kann, das darf doch nicht wahr sein, das ist der vielgesuchte Hirsch des Kollegen Heidemann!

Immer wieder betrachtet er das Bild und vergleicht es mit dem Geweih. Kein Zweifel, da sind Ähnlichkeiten, aber wer wollte in diesem Augenblick beschwören, daß es wirklich der Gesuchte ist. Ein Satz aus einem Gedicht von W. Remmele geht dem von Glück und Selbstanklage hin- und hergerissenen Oberförster durch den Kopf:

„Auch wenn wir Perfektion erstreben,
Die Nornen, die das Schicksal weben,
Sie stricken manchmal links herum!"

Am folgenden Tag ist Dienstbesprechung beim Forstamt, und Berger zeigt seinen Hirsch den Kollegen. Alles freut sich, wünscht Waidmannsheil, auch Heidemann. Dann sagt Berger mit einem Male: „Sagen Sie, Heidemann, hat dieser Hirsch nicht viel Ähnlichkeit mit dem von Ihnen gesuchten Zwölfer, oder ist er es gar?" Heidemann zaudert ein wenig, dann wird er kreideweiß im Gesicht, und stoßweise kommt es über seine Lippen: „Ja, möglich, nein, ganz sicher, das ist mein ‚Wapiti', das ist ohne Zweifel der Zwölfer, dessen Abwurfstangen der Tannenberg in diesem Frühjahr gefunden hat. Dummerweise hat der Kerl mir nichts davon gesagt, daß der Hirsch in diesem Jahr ungrad ist, wo er doch vorgibt, ihn in diesem Sommer auf der Hirschwiese gesehen zu haben." Und dann wird er grob und fährt fort: „Ein Kreuz ist das mit den Jagdhelfern. Wenn man sich auf seinen Arsch so wenig verlassen könnte wie auf seine Mitarbeiter, dann hätte man dauernd in die Hose geschissen!" Gleichwohl wünscht er seinem verdutzten Kollegen noch einmal Waidmannsheil und fügt hinzu: „Seien Sie froh, Berger, daß Sie dieses Jahr den Hirsch erwischt haben, ich hätte ihn mit meinen Haxen heuer in dem offenen Gelände doch nicht erlaufen können. Und wer weiß, wie sehr er im kommenden Jahr zurückgesetzt hätte."

Doch mit dieser Aussprache war die ganze Angelegenheit noch nicht zu Ende. Je mehr Heidemann über die Sache nachdachte, um so mehr wurmte ihn, daß sein Kollege nicht nach dem Auftauchen des Hirsches mit ihm gesprochen hat. Er hätte ihn selbst ja nicht erlegen können, aber mit ihm reden hätte man doch wenigstens können. Der Berger hätte doch erkennen müssen, was für einen Hirsch er da vor sich hatte. So fraß er seinen Groll immer mehr und mehr in sich hinein.

Nichts funktioniert bekanntlich besser als die ‚forstliche Buschtrommel'. So konnte es nicht ausbleiben, daß die vorgesetzte Dienststelle in der Stadt über Dritte von der wundersamen Erlegung des ‚Wapiti' Kenntnis erhielt. Nun sollte es Berger an den Kragen gehen. Man bezichtigte ihn des „Kameradendiebstahls"; er habe heimtükkisch dem Pensionshirsch des Kollegen aufgelauert und diesen klammheimlich zur Strecke gebracht. Nicht umsonst habe er die guten Ib-Hirsche durch Gäste schießen lassen, um dann selbst zuzuschlagen. Berger war ob solcher Unterstellungen zutiefst betroffen. Am liebsten hätte er die Trophäe dem Heidemann geschenkt, wenn er einen Sinn in solcher Aktion gesehen hätte. Verzweifelt durchforstete er die Fotoausbeute der vergangenen zwei Jahre und wurde fündig: Eine Reihe eindrucksvoller Fotos konnten auch die Herren in der Stadt davon überzeugen, daß man unmöglich den auf ein Blatt Papier gemalten Traumhirsch mit dem mal geraden, mal ungeraden Kronenhirsch aus der Heide hätte gleichsetzen können. Der Groll der Vorgesetzten gegen Berger verflog. Trotzdem sollte er das Geweih nicht auf der Trophäenschau des Rotwildringes ausstellen, und man nahm es vorsorglich in „Verwahrung". Vielleicht wollte man Heidemann nicht noch mehr reizen, vielleicht auch endlich Gras über die Sache wachsen lassen. Doch das Nichtausstellen der Trophäe bewirkte das Gegenteil. Nun munkelte man erst recht, das Geweih habe unvorstellbare Ausmaße, sei stärker, als jeder je zuvor geschossene Hirsch in der Heide, und Berger müsse etwas unternehmen, um seine Ehre wiederherzustellen.

So bekam dann Berger seine Trophäe eines guten Tages wieder, und man sagte ihm, er könne und solle das gute Stück bei der nächsten Hegeschau des Landkreises ausstellen. Es beruhigten sich die aufgebrachten Gemüter schnell, und Berger und Heidemann reden wieder miteinander, als sei nichts geschehen. Wenn Berger gelegentlich seinen Hirsch betrachtet und sich über die starke Trophäe freut – immerhin ergab eine Auspunktung mehr als 200 Internationale Punkte – so fragt er sich im stillen doch, wohin die deutschen Jäger der ach so hohe Stellenwert der Trophäe im allgemeinen und die des Rothirsches im besonderen geführt hat. Diese Geschichte für skandinavische Jäger niederzuschreiben, wäre schlicht unvorstellbar.

Weißkopftiere

Wenn es schon für den Durchschnittsjäger außerordentlich schwierig, wenn nicht gar unmöglich sein mag, das Alter eines Hirsches in freier Wildbahn auf ein, zwei Jahre genau anzusprechen, wieviel schwerer muß es ihm dann fallen, das Alter des Kahlwildes einigermaßen zuverlässig zu schätzen, wo doch die Tiere bekannterweise keinen Kopfschmuck auf dem Haupte tragen.

Für den praktischen Jagdbetrieb ist jedoch die Altersansprache des weiblichen Rotwildes nicht ganz so wichtig, denn der verantwortungsbewußte Jäger wird das Kahlwild einschließlich der Kälber mehr nach dem körperlichen Zustand des Wildes als nach dem Alter für den Abschuß auszuwählen versuchen. Doch wie ein besonders alter Hirsch, auch wenn er schon zurückgesetzt haben mag, dem Erleger besondere Freude bereitet, so ist auch der Abschuß eines greisenhaften Alttieres immer ein bemerkenswertes Ereignis; zumindest für den, der den Kahlwildabschuß nicht als Schießsport, sondern als eine besonders wichtige, hegerische Aufgabe betrachtet. Sie glauben, es könnte heute niemand mehr den Wildabschuß als reines Schießvergnügen betrachten? Was halten Sie dann von folgendem Fall? Bei einer Drückjagd kommt einem Schützen ein Kahlwildrudel, bestehend aus Alttier, Kalb und Schmaltier, alle drei stark und gesund. Bei dem Jagdgast knallt es mehrmals, und auf der Strecke liegen Alttier, Schmaltier und Kalb. Auf meine nicht ganz freundliche Frage an den Schützen, warum er sich zu solchem Tun habe hinreißen lassen, erhielt ich die lakonische Antwort: „Ach wissen Sie, ich habe da eine neue Büchse der Firma XY gekauft, Kaliber .308 mit dem Silvertip-Vulkan-Geschoß, und ich muß Ihnen sagen, ich bin begeistert!"

Wenn wir uns daran erinnern, daß Hirsche in freier Wildbahn wohl achtzehn bis zwanzig Jahre alt werden können, so gehen wir sicher nicht fehl in der Annahme, daß die Tiere ebensoalt werden, wenn nicht sogar – verglichen mit der Lebenserwartung von Frau und Mann – noch drei, vier Jahre mehr sich ihres Lebens erfreuen können. Und so wie die Menschen weißhaarig und grau werden, so überziehen sich auch die Häupter der greisen Alttiere, insbesondere um den Windfang, die Lichter und die Lauscher mit altersgrauen Fäden, so daß die Köpfe schließlich fast schlohweiß erscheinen. Bei solchen Stücken können selbstredend keine Zweifel bei der Altersansprache aufkommen.

Durchforsche ich mein Gedächtnis nach Erlebnissen und Begegnungen mit solch alten Stücken, so fallen mir gleich eine ganze Reihe solcher denkwürdiger jagdlicher Leckerbissen ein. Von einigen möchte ich berichten:

Da ist noch ganz frisch in meiner Erinnerung das Ende gleich zweier solcher alten ‚Tanten', und zwar deshalb so frisch, weil sich die Geschichte erst im abgelaufenen Jagdjahr ereignete: Auf einer relativ kleinen Waldwiese inmitten eines geschlossenen Waldkomplexes, den wir den Kreienbusch nennen, nicht weit von einer der wenigen im Winter regelmäßig beschickten Rotwildfütterungen, beobachtete ich schon seit langem zwei auffallend alte, durch ihre weiße Kopfzeichnung nicht zu übersehende Tiere. Im vergangenen Sommer, es war noch vor dem 1. August und damit vor Beginn der Jagdzeit, äste auf beste Schußentfernung ein kleines Rudel Kahlwild vor meiner Kanzel. In ihm befanden sich die beiden überalterten Alttiere. Das eine, dürr und schlecht verfärbt, wies nicht so eine ausgeprägte helle Kopfzeichnung auf, aber es hatte einen langen, knöchernen Schädel und führte kein Kalb. Es als Schmaltier zu erlegen – als solches wäre es ja frei gewesen – kam mir für einige Augenblicke in den Sinn, doch dann verwarf ich solch frevelhafte Gedanken. Das andere Stück war von fahlgelber Farbe und besser im Wildbret. Das weiße Altershaar war ganz deutlich über sein großes Haupt verteilt, deutlicher jedenfalls, als ich es im Jahr davor beobachten konnte. Denn solch uralte Stücke erscheinen ja nicht plötzlich und aus heiterem Himmel, vielmehr wachsen sie stetig und Jahr für Jahr in ihr hohes Alter hinein, wobei ihnen sicher eine gehörige Portion Lebenserfahrung hilft, sich den Nachstellungen der Jäger zu entziehen. Also, das im Wildbret stärkere Tier als Schmaltier zu erlegen hätte ich überhaupt nicht in Erwägung ziehen können, denn es führte ein ganz munteres, normal entwickeltes Kalb. So schoß ich dann an diesem Abend, mehr der Pflicht als der

Neigung gehorchend, einen recht dürftigen Schmalspießer, nicht jedoch, ohne den beiden Alten beim Abspringen zu prophezeien, daß ich dieses Jahr noch ein ernstes Wort mit ihnen reden würde.

Obwohl auf der kleinen Wildäsungsfläche im Kreienbusch wie jedes Jahr, so auch in diesem, ein starkes Rudel brunfte, hatte ich die beiden Alten während der aufregenden vier Wochen nicht zu Gesicht bekommen. Erst ausgangs der Brunft, an einem farbenprächtigen Oktobernachmittag, erschien eines der Tiere, und zwar das mit dem weißen Haupt, das führende, und zog mit Kalb und Schmaltier auf den grünen Klee. Nun bin ich ja sonst der Auffassung, daß man tunlichst die dreigliedrige Familie, bestehend aus Tier, diesjährigem und vorjährigem Kalb, schonen sollte. Bei diesen Tieren handelt es sich in der Regel um kräftige, gut veranlagte Stücke, die ihre Kälber abseits der großen Rudel optimal ernähren. Die schwachen, geringwertigen Stücke stehen zumeist in den großen Rudeln, und dort sollte man bevorzugt Auslese halten. Nun, in meinem Falle wollte ich gern dem alten Tier ans Leder, und dazu mußte erst einmal das Kalb zur Strecke. Um es kurz zu machen: Nach einem völlig verpatzten Schuß sprang dieses wie gesund ab und auch die Nachsuche führte zu keinem Ergebnis; Schnitthaar und Wildbretschweiß ließen auf einen Streifschuß am oberen Lauf schließen. Doch war ich nicht wenig überrascht, als schon einen Tag später auf derselben Stelle wieder das besagte Dreiergespann erschien. Ich hatte einen Jagdhelfer auf der Kanzel Kreienbusch postiert, der nichts von meinem Fehlschuß des Vortages wußte. Er machte wenig Federlesens und schoß sowohl das Kalb als auch das Schmaltier. Das Tier pardonierte er, weil es ihm sehr stark erschien. Erst als er es mir genauer beschrieb, registrierte ich zu meiner Zufriedenheit, daß das „Weißkopftier“ wieder einmal Glück gehabt hatte.

Nach diesem für das Tier einschneidenden Ereignis hatte ich wenig Hoffnung, es noch einmal auf seinem bevorzugten Äsungsplatz anzutreffen, doch ich sollte mich täuschen. Nur knapp eine Woche später sah ich es am hellen Nachmittag auf besagter Dauerweide wieder. Jetzt nicht mehr führend, hatte es sich zwei Tieren mit deren Kälbern angeschlossen und rangierte nun an letzter Stelle der Rangordnung. Das war sehr deutlich zu erkennen, denn es folgte als letztes den beiden mittelalten Stücken. Man kann aus solchem Verhalten auch sehr leicht erkennen, wie rasch sich Kahlwildrudel in ihrer Zusammensetzung ändern und welch starken Einfluß die Bejagung auf die Entstehung beziehungsweise das Auflösen von Rudeln hat.

Nachdem das Leittier von mir Wind bekommen hatte und das Rudel im zügigen Troll die Freifläche zu verlassen trachtete, konnte ich auf das alte Stück eine gute Kugel loswerden. Wie alle Tiere vergleichbaren Alters hatte es nur kurze, unansehnliche, bis auf die Stümpfe abgeschliffene Grandeln. Deshalb bekommen auch immer diejenigen die schönsten Grandeln, welche ihre Tiere ohne Rücksicht auf das Alter schießen! Aber wenn schon in den meisten unserer Rotwildrevieren die Hirsche kaum noch über den zehnten Kopf hinaus kommen, wie sollen da die Alttiere insgesamt so viel älter werden?

Kaum war der erste Schnee gefallen, da rief ich ein paar Jagdfreunde zu einer kleinen Drückjagd zusammen. Angerührt wurde auch der Kreienbusch. Hubert, der jüngste der munteren Jägerschar, saß an einem breiten, den einförmigen Kiefernwald gradlinig durchtrennenden Waldweg. Ihm kam das von nur zwei Treibern locker gemachte Kahlwildrudel. Und da es fast in einem geschlossenen Pulk die Sandbahn überquerte, wurde er nur eine Kugel los, und zwar auf das letzte, dem Rudel in einigem Abstand folgende Stück. Nach Huberts Ansicht sollte es sich um ein Schmaltier handeln, doch nach kurzer Nachsuche fanden wir ein ganz altes, geltes Stück. Kaum hatte ich mir das Haupt und den bis auf die Zahnstümpfe abgeschliffenen Unterkiefer angesehen, da hatte ich keinen Zweifel mehr, daß hier das andere, im Wildbret geringere Alttier vor mir lag, das ich im Sommer zusammen mit dem anderen greisen Stück gesehen hatte. So hatten die beiden Alten, die sich so meisterhaft allen Nachstellungen zu entziehen wußten, innerhalb so kurzer Zeit nunmehr ihr Ende gefunden.

Ein anderes, steinaltes Tier hat mir nicht minder jagdliche Freude bereitet: Wintertags war es, und fröstelnd saß ich auf einem offenen, zugigen Hochstand im Diepmoor. Das Treiben mußte eigentlich längst zu Ende sein, und mit Anlauf war eigentlich nicht mehr zu rechnen, da trollte auf mehr als zweihundert Meter vom Hochsitz entfernt ein einzelnes, nichtführendes Rottier über die freie Fläche. Zielstrebig und ohne zu verhoffen – für einen sicheren Schuß wäre es eh' zu weit gewesen – suchte es die nächstgelegene Deckung, das Berghofwäldchen auf, das unser nächstes Treiben werden sollte. Sollte es sich dort stecken, und alles sprach dafür, dann gab es eine gute Chance, auf das alte, weißköpfige Stück zu Schuß zu kommen. Die Frage war nur, wie man mit vier Schützen ein gut fünfzig Hektar großes Waldstück so abstellen kann, daß einer davon auf ein erfahrenes und mit allen Wassern gewaschenes Alttier zu Schuß kommt.

Nachdem ich meine drei Begleiter auf den bekanntesten Fernwechseln abgestellt hatte, begab ich mich selbst an die Stelle des geschlossenen Kiefernstangenholzes, wo es in ein lockeres Birkengehölz überging, ehe sich die weite, offene Heide auftat. Hier war mir früher gelegentlich Damwild gekommen, während das Rotwild immer auf der anderen Flanke direkt die nächste Verbindung zu dem benachbarten Feldgehölz annimmt, da knackte es vor mir im Bestand. Kurz darauf leuchtete es zwischen den Birken hell auf, und in hohen Fluchten preschte das greise Tier durch das Holz, daß es nur so krachte. Das Zielfernrohr hatte ich längst abgenommen und nicht der einzelnen Bäume achtend, war ich mit dem Büchsenlauf dem Tier gefolgt, bis ich eine Lücke fand und der Kugel freien Lauf ließ. Nach einigen ungelenken Fluchten brach das Tier zusammen, und ich freute mich übermäßig, es überlistet zu haben.

Den Freunden hatte ich natürlich schon vor dem Treiben von meiner Beobachtung und von der zu erwartenden, nicht alltäglichen Beute erzählt. Als sie nun alle um das längst verendete Stück standen, war ihre Freude nicht geringer als meine.

Wie man aus den bisher geschilderten Erlebnissen unschwer erkennen kann, leben solch uralte Tiere sowohl allein als auch in kleinen oder großen Rudeln. Das hängt nicht zuletzt auch davon ab, daß die Kahlwildrudel je nach Jahreszeit und Äsungsangebot in ihrer Kopfzahl variieren.

Während der Hirschbrunft hatte es mir ein alter, hinterlaufkranker Hirsch besonders angetan, und es bedurfte vieler Pirschgänge, bis ich ihn schließlich bekam. Bei einer dieser erfolglosen Pirschen war mir inmitten eines großen Rudels ein geltes Tier aufgefallen, daß ich wegen seines weißen, greisen Hauptes als uralt ansprach. Zweifellos hätte ich es auch während der Brunft schießen müssen, doch da ich auf diese Weise befürchten mußte, den altkranken Hirsch, der auf einer Seite nur eine lange Sechserstange trug, zu vergrämen, ließ ich es sein.

Aber solch seltene Stücke gehen einem nicht aus dem Kopf. Als die Brunft abgeklungen und der Kahlwildabschuß wieder im Mittelpunkt jagdlichen Geschehens stand, erwischte ich mich dabei, daß ich mich wiederholt in der Gegend herumtrieb, in der ich das weißköpfige Tier gesehen hatte. Eines Tages war es dann auch so weit: In der blanken Heide lag in der Nachmittagssonne ein großes Rudel Kahlwild und döste vor sich hin. Auch wenn es zutrifft, daß solch große Rudel keinen speziellen Wachposten aufgestellt haben, dauert es doch nicht lange, bis eines der erfahrenen Tiere den anschleichenden Jäger erspäht und den ganzen Verband zum Aufstehen und Abspringen veranlaßt.

So war es auch dieses Mal geschehen. Schon war der größte Teil des Rudels im angrenzenden Laubwald verschwunden, da verhoffte noch eines der Alttiere und äugte gespannt zu mir herüber, der ich mich bäuchlings in das harte Heidekraut hatte fallen lassen.

Daß es das von mir gesuchte gelte Tier mit dem weißen Kopf war, hatte ich rasch durch das Zielfernrohr gesehen. Da ich eine gute Auflage für die Büchse fand, konnte ich den weiten Schuß wagen. Ich fand das Tier in einer längst aufgegebenen, mit einigen Anflugkiefern bestockten Kiesgrube, durch die der Rotwildwechsel führte. Auch dieses Alttier bescherte mir keine schönen Grandeln, dafür aber lag neben ihm ein fein behauener Feuerstein, der einst einem unserer Vorfahren als Waffe oder Werkzeug gedient haben mag, und der hält mir noch heute die Erinnerung wach an einen wunderbaren Jagdtag.

Das Röhren des Brunfthirsches kann Reineke nicht stören

Solch alter Hirsch darf auch mal auf der ‚falschen' Seite liegen

Ungewöhnlich ist ein Granattrichter als „Wiege“ eines Rotkalbes

Der ruhende Pol

Auf den Nubischen Steinbock

Keine Wildart hat mich, seit ich auch im Hochgebirge zu jagen Gelegenheit habe, mehr fasziniert als der Steinbock. Wohl wissend, wie exclusiv und teuer und im Grunde für einen Flachlandjäger unerreichbar der Abschuß eines Alpensteinbockes ist.

Ich hatte mich längst damit abgefunden, nie auf einen Gehörnträger der Gattung Ibex zu Schuß zu kommen. Gewiß, Steinböcke kann man in der Sowjetunion und der Mongolei jagen, auch in herrschaftlichen Revieren Spaniens, aber solche Unternehmungen sind sündhaft teuer. Wer es nicht glaubt, der lasse sich eine Preisliste renommierter Jagdvermittler schicken.

Da kam eines Tages die überraschende Nachricht von dem wiederentdeckten und fast schon ausgestorben geglaubten Nubischen Steinbock. Selten hatte mich in jüngster Zeit ein Bericht in der jagdlichen Presse so gefesselt wie ein Aufsatz über die Steinbockjagd in Ägypten. Hier wurde nicht nur das grazile, in der arabischen Wüste lebende Steinwild beschrieben, sondern auch Wege aufgezeigt, wie man es bejagen konnte. Dort mußte ich hin! Denn welches Land könnte über die Jagd hinaus interessanter sein als Ägypten mit seiner wechselvollen Geschichte, seinen imposanten Baudenkmälern, archäologischen Kostbarkeiten und seiner modernen Entwicklung. Mich reizte die übervölkerte Zehnmillionenstadt Kairo mit ihren Gegensätzen von arm und reich ebenso wie das karge, unbewohnte und unwirtliche Wüstengebiet. Ich besuchte das Land am Nil um die Osterzeit.

Um es gleich vorweg zu nehmen: Mit der Jahreszeit hatte ich für dieses Unternehmen – so sagten es mir jedenfalls zur Begrüßung meine Kairoer Freunde – keinen guten Griff getan. Den Steinbock, so hieß es, jagt man besser im Sommer, also in der heißen Jahreszeit. Denn die Chancen, das scheue Bergwild zu erbeuten, sind zweifellos nach der langen, regenlosen Dürrezeit und bei extrem heißen Temperaturen –

also im August und September – wesentlich günstiger als kurz nach der Regenzeit, die man dort völlig überflüssigerweise den „Winter" nennt. Denn zwischen November und Februar kann es in der Arabischen Wüste schon einmal regnen, und manchmal auch so heftig, daß der ausgedorrte Boden das Wasser gar nicht aufnehmen kann und es in reißenden Bächen zu Tale stürzt, doch kalt wird es auch zu dieser Zeit eigentlich nicht. Ich verstand jedenfalls die Welt nicht mehr, als ich bei sengender Hitze und einer erbarmungslos vom Himmel scheinenden Sonne meinem ägyptischen Jagdführer auf ausgetrockneten Beduinenpfaden in die vegetationslose, steinerne Gebirgswelt folgte und immer wieder erfuhr, daß das nun eigentlich der landesübliche Winter sein sollte.

Doch ich will der Reihe nach erzählen: In Ägypten hat die Steinbockjagd eine alte Tradition. So wie sie vor Jahrtausenden das Vorrecht der Pharaonen gewesen sein mag, so jagte noch in den fünfziger Jahren dieses Jahrhunderts der letzte König der Ägypter namens Faruk mit großem Aufwand und Gefolge den Nubischen Bock. Erst nach seinem Tode und dem Verbot, Waffen zu besitzen oder zu tragen, geriet das Steinwild in Vergessenheit und konnte sich unerkannt vermehren. Unauffällig und geheim werden aber jetzt wie zu allen Zeiten die in den Bergregionen in den ärmlichsten Verhältnissen lebenden Bergvölker, insbesondere die Beduinen, stets mit den ihnen zur Verfügung stehenden Mitteln dem Steinwild nachgestellt haben. Während der letzten Kriege Ägyptens gegen Israel hatten die Nomaden ausreichend Gelegenheit, sich mit Waffen und Munition einzudecken. Doch fragt man sie heute, ob sie ein Gewehr besitzen, so tun sie so erstaunt, als wüßten sie gar nicht, was so ein Karabiner ist. Aber daß sie auch heute noch wildern, davon zeugen die vielen, in der Wüste bleichenden Schädel des Steinwildes samt der Gehörne, für die ein täglich um sein Überleben kämpfender Wüstenbewohner sicherlich keine Verwendung hat.

Das heute in beschränktem Umfang auch für Ausländer die Jagd auf den Steinbock wieder möglich ist, verdanken wir im Grunde nur zwei passionierten, in Kairo lebenden ägyptischen Jägern, die seit Jahren bei ihren Streifzügen durch das Gebirge das Steinwild entdeckten, seine Einstände und Gewohnheiten studierten und dann systematisch damit begannen, selbst Jagd auf den Steinbock zu machen. Dabei bedienten und bedienen sie sich auch heute noch der einfachen, aber einzig erfolgversprechenden Methode, die wenigen und für das Steinwild lebensnotwendigen Wasserstellen in dem sonst völlig ausgetrockneten Gestein zu erkunden und dort dem Wild aufzulauern. Auch wenn mittlerweile drei deutsche Jagdvermittler die Jagd auf den Nubischen Steinbock anbieten, sind es doch stets diese zwei Jäger, die vor Ort die Jagd organisieren und durchführen. Sie allein kennen die Wildeinstände, pflegen den Kontakt zu den Behörden und den Beduinen, die sie gelegentlich als Jagdhelfer benutzen.

Es sind zwei überaus prächtige und sympathische Burschen: Achmed, der jüngere des Duos, ist ein wilder Jäger und ein Waffennarr. Als afrikanischer Meister im Tontaubenschießen ist er auch Mitglied der ägyptischen Olympiamannschaft. Von seiner Frau, einer einstigen „Miß Ägypten", hat er sich scheiden lassen, weil sie für seine Passion kein Verständnis hatte und die Schwiegermutter ihm auf die Nerven ging. Der andere, Aly, ist etwas älter und gesetzter. Als pensionierter Polizeioffizier hat er noch gute Verbindungen zu den offiziellen Stellen, die sich mit Tourismus befassen und lebt in europäischem Stil. Das alles wußte ich natürlich noch nicht, als ich die Preise der verschiedenen Anbieter verglich, Verhandlungen führte, den Reisetermin abstimmte und schließlich die bessere Ehehälfte zum Mitflug überredete.

Anfang April war es dann soweit: Eine Lufthansamaschine brachte uns in das Land der Pharaonen. Daß ich als Gast dieses Landes nicht nur dem vielgeschmähten „Trümmertourismus" würde huldigen müssen, sondern als Jäger mehr als üblich von Land und Leuten erfahren würde, das ließ mich auf einen interessanten Urlaub hoffen.

Endlich war der erste Jagdtag angebrochen. Achmed war mein Führer und holte mich am Hotel ab. Mit dem randvoll bepackten Geländewagen ging es auf autobahnähnlicher Straße Richtung Suez. Kurz vor der Stadt schwenkten wir südwärts und erreichten gegen Mittag das Rote Meer. Obwohl ich allzugern sogleich ein erfrischendes Bad in dem kristallklaren, kühlen Wasser genommen hätte, begannen wir ohne Aufenthalt, die recht steil zum Meer hin abfallenden Felsen nach Steinwild abzusuchen. Immer wieder durchschneiden schmale, mit Steingeröll übersäte Täler das Bergmassiv. In eine dieser Schluchten, in der sogar einige Palmen das Auge erfreuen, führt ein kurvenreicher, mit dem Jeep leidlich befahrbarer Weg. An seinem Ende wollen wir Rast machen und die nächsten zwei Tage von dort aus nach einem alten Steinbock Ausschau halten, den Achmed bei anderer Gelegenheit dort entdeckt hatte.

Doch wer beschreibt meine Enttäuschung, als wir nach nur wenigen Metern Fahrt auf eine in diesem Gebiet biwackierende ägyptische Gebirgsjägerkompanie treffen, die dort für mehrere Tage ein Manöver abhalten will. Man kann es schon als eine besondere Ironie des Schicksals auffassen, daß gerade ich, der ich zu Hause in unmittelbarer Nähe eines Truppenübungsplatzes beheimatet bin, nun auch in Ägypten durch übendes Militär an der Jagdausübung behindert werde.

Rasch verlassen wir den unwirtlichen Ort. Noch ehe die glutrote Sonne untergeht, erreichen wir einen anderen Gebirgszug. Am Fuß der Berge, wo zunehmendes Geröll eine Weiterfahrt unmöglich macht, lassen wir den Wagen stehen und beginnen den gut einstündigen Aufstieg. Unser Ziel ist eine hochgelegene Wasserstelle, von deren Existenz nur wenige Ortskundige etwas wissen. Der Fremde kann sie nur erahnen, wenn er nach längerem Steigen plötzlich in einer Bergschlucht einige grüne Bäume und Sträucher entdeckt.

Die ganze Steinbockjagd ist in Ägypten von dem Vorhandensein solcher auch im Sommer nicht versiegender Wasserstellen abhängig. Hier heißt es geduldig warten, bis das in der fast vegetationslosen Gesteinswüste weit umherziehende Wild herangewechselt kommt, um seinen Durst zu stillen. Man mag aus ethischen Gründen darüber die Nase rümpfen oder auch nicht, aber es war doch seit Menschengedenken die Aufgabe des Jägers, das Wild zu überlisten.

Über der winzigen und nur aus nächster Nähe sichtbaren Quelle hatte Achmed zwei kleine Felsnischen zu Ansitzposten hergerichtet, und diese sollten auch unser Nachtquartier werden. Ich bezog den Ausguck zwei Stockwerk hoch über dem ersten und versuchte mich einigermaßen einzurichten. An Schlafen war kaum zu denken, denn zum einen wollte ich bei dem fahlen Mondlicht möglichst jede Bewegung an der Wasserstelle erspähen, zum anderen ließen auch der harte, schräge und steinige Untergrund und die Enge der Behausung keine rechte Schlafstimmung aufkommen. Zudem war bei den Vorerkundungen von giftigen Vipern, beißenden Insekten und räuberischen Beduinen die Rede gewesen, auch das hielt mich wach, und so konnte ich meine ganze Aufmerksamkeit dem gegenüberliegenden Wildwechsel widmen. Doch ich sah keine Lebewesen in dieser Nacht, ausgenommen ein kleines Wüstenmäuschen, das geschickt über die Steinbrüstung kletterte und mehrmals an meinen Essensvorräten knispelte.

So stiegen wir ab, noch ehe die Sonne ihre volle Kraft entfaltete, und versuchten weiter im Süden des Landes unser Glück. Endlos zog sich der staubige Weg durch die Wüstenei. Plötzlich stand ein einzelnes Kamel inmitten des Gerölls. Schon wollte ich an eine Fatamorgana glauben, da stand ein Beduinenjunge am Wegesrand und bettelte um etwas Wasser. Da auch wir mit dem Trinkbaren sparen mußten, gaben wir ihm einige belegte Brote. Nur zögernd steckte er sie weg; man sah seiner Miene förmlich an, daß ihm eine Flasche Mineralwasser ein weit größerer Schatz gewesen wäre.

Überall dort, wo einige grüne, dornige Büsche die Landschaft ein wenig beleben, ist mit dem Vorkommen der heute nur noch in kleinen Sprüngen lebenden Dorkasgazellen zu rechnen. Ein Stück ist mir zum Abschuß freigegeben. Und richtig, bei der Fahrt durch einen breiten, längst ausgetrockneten Bachlauf wird es vor uns lebendig: eine einzige Gazelle quert unseren Weg. Inmitten einer Strauchgruppe verhoffend, ist sie in dem gleißenden Sonnenlicht nur schwer auszumachen. Noch ehe ich schußbereit bin, ist sie unseren Blicken entschwunden.

Weiter geht die Fahrt. Dieses Mal sind es zwei Gazellen, die auf Schußentfernung neben dem Wüstenpfad verhoffen. Bock und Geiß, meint mein Begleiter, doch welches ist der Bock? So schnell es geht, lege ich meine Büchse auf dem Wagendach auf und versuche durch das Zielfernrohr anzusprechen. Das linke Stück, das mit dem stärkeren Gehörn, das müßte der Bock sein, und hinaus ist die Kugel. Spitz von vorn auf den Stich getroffen, verendet das Wild auf der Stelle. Überglücklich betrachte ich das hohe und mit vielen Schmuckringen versehene Gehörn des wahrlich alten Bockes. Im nachhinein bin ich froh, nicht auf das erste Stück zu Schuß gekommen zu sein, denn das war sicher nur ein junges Böckchen.

Überrascht bin ich von der geringen Größe dieser grazilen Gazellenart, ich schätze das Gewicht des starken Bockes auf zehn bis zwölf Kilogramm (aufgebrochen und ohne Haupt). Wir bringen das Wildbret zu einigen in der Nähe in einem Zelt hausenden Beduinen. Die Männer sind hocherfreut über diese ungeahnte Abwechslung in ihrer sonst eintönigen Ernährung, und ihre guten Wünsche begleiten uns für die weitere Fahrt. Es mag zwischen ein und zwei Uhr mittags gewesen sein, als wir erneut den Wagen verließen und uns zum nächsten Aufstieg rüsteten. Nach Art des Karl May hatte mein Jagdführer die Spuren des Jeeps im Sand mit einem Dornenzweig verwischt, damit uns kein ungebetener Gast folgen möge. Vorsorglich blieb jedoch auf dem Kühler des Autos eine Flasche Wasser und ein Laib Brot deponiert, damit jemand, der unerwartet den Wagen finden und an Hunger und Durst leiden sollte, keinen Anlaß hätte, das Fahrzeug aufzubrechen. Eine, wie mir schien, sehr vernünftige Vorsichtsmaßnahme.

Trotz der hoch am Himmel stehenden Sonne drängt Achmed zum Aufstieg. Kein Vergnügen ist es, mit dem Gepäck durch die wabernde, über dem heißen Untergrund flackernde und tanzende Luft einem schier endlosen Pfad zu folgen. Mehr als eine Stunde brauchen wir, um das sanft ansteigende Gelände zu durchqueren und endlich die ein wenig Schatten spendenden Felswände zu erreichen. Es herrscht nur eine ganz geringe Luftbewegung, nichts kühlt die feuchte Haut. Mehrmals muß ich an einen Pürschgang in einem alaskanischen Schneesturm denken, bei dem mir die schneidende Kälte das Atmen erschwerte. Hier mochten es mehr als vierzig Grad Wärme in der Sonne sein, welch ein Gegensatz jägerischen Lebens!

Rasch gewinnen wir im Gebirge Höhe, und nach zwei Stunden Kletterei haben wir endlich unser Ziel erreicht. Unter uns liegt eine in rohen Steinen gefaßte Quelle, nur etwa ein mal ein Meter groß. Das schmutziggrüne Wasser blinkt zu uns herauf. Einige Palmen säumen dieses lebenserhaltende Kleinod.

Kaum haben wir es uns auf einem Felsvorsprung bequem gemacht, soweit man das überhaupt so sagen kann, und ein Tarnnetz über uns gespannt, da machen wir uns über das im Rucksack mitgeführte Wasser her. In kurzer Zeit hat jeder von uns zwei Liter davon in sich hineingeschüttet, und schon geht es uns besser.

Schnell zieht in Afrika die Dämmerung herauf. Unzählige Greifvögel umschwirren das Wasserloch, schöpfen ungeniert von dem kostbaren Naß und rasten allein oder in Grüppchen auf dem abfallenden Gestein. Habichte sind es und Falken, unserem Wanderfalken nicht unähnlich.

„Früher, als ich noch schießwütiger war", unterbricht Achmed die

Stille, „habe ich viele dieser Vögel geschossen. Eigentlich nur aus Freude am Schießen. Heute würde ich so etwas nicht mehr tun!" Ich nicke beifällig. „Weißt du", fährt er fort, „noch vor zehn Jahren, da konnte es passieren, daß ich mit dem Wagen in ein Rudel Gazellen fuhr und nicht eher aufhörte zu schießen, bis ich keine Patronen mehr im Lauf hatte. Auch das ist, Allah sei Dank, nun endgültig vorbei." Er sagt dies alles in fließendem Englisch, und ich kann es glücklicherweise verstehen.

Es ist Vollmond, und es wird kaum dunkel. Das silberne Mondlicht über der wilden Bergeinsamkeit, die funkelnden Sterne am wolkenfreien Himmel und die völlige, manchmal fast beängstigende Stille rufen einen unvergeßlichen Eindruck von dieser Nacht in Gottes freier Natur hervor. Ich preise mich glücklich, nicht in einer Millionenstadt leben zu müssen. Auch wenn mich das leise Schnarchen meines Begleiters ab und zu dazu verführt, ein Gleiches zu tun, versuche ich wach zu bleiben. Gegen Morgen muß ich dann doch eingedöst sein.

Sechs Uhr ist es, als ich schlaftrunken auf die Uhr schaue. Auf dem entferntesten Grat nimmt das Auge eine Bewegung wahr, klein und winzig. Was sich da gegen den Himmel abhebt, ist ein Steinbock!

Gut vierhundert Meter sind es zu ihm hinauf, und es gibt keine Möglichkeit, ihn anzugehen. „Ich müßte ein Gewehr haben, das auf diese Entfernung sicher schießt", sinniert Achmed, der Waffennarr, „und eines Tages werde ich ein solches haben!"

Es ist schon ein imposantes Bild, das der Steinbock da in seiner würdevollen Haltung bietet. Aber es ist auch für mich erkennbar, daß der ägyptische Steinbock im Wildbret wesentlich geringer ist als sein alpiner Vetter. Dieser Umstand, so erzählte es mir Achmed, führte eines Tages zu einer recht komischen Situation: Mit einem ausländischen Jagdgast war er an ein Rudel Steinböcke geraten, und als diese im Begriff waren abzuspringen, riet er zum Schuß. Doch der Fremde winkte ab und rief immer wieder: „It is Gazelle, not Ibex!" (Es sind Gazellen, keine Steinböcke!). Ganze vier Stunden narrt uns der Bock. Zieht einmal ein wenig tiefer, dann wieder höher, tut sich nieder, verschläft die Zeit, erhebt sich und verschwindet, um dann an anderer Stelle wieder zu erscheinen. So gegen zehn Uhr scheint er endgültig verschwunden. Doch kaum haben wir es aufgegeben, nach ihm zu suchen, da erscheint über dem links vor uns liegenden Gebirgskamm ein kleines Rudel Steinwild, zwei weibliche Stücke und ein Bock. Sie haben es anscheinend sehr eilig, die Wasserstelle aufzusuchen, doch bald sind sie überriegelt und unseren Blicken entschwunden. Endlich, nach fast einer weiteren Stunde, erscheint auf dem gegenüberliegenden Hang der Bock. Es ist kein sehr alter und kapitaler, aber meine letzte Chance. Noch ist er recht weit, aber ich habe eine gute Gewehrauflage. Als er das erste Mal verhofft, wirft ihn die rasante Kugel der .300 Winchester Magnum auf das kahle Gestein.

Was ich kaum noch zu hoffen gewagt hatte, war Wirklichkeit geworden, neben der Dorkasgazelle lag ein Nubischer Steinbock auf der Strecke, und das im „Winter". Der Abstieg fiel uns leicht, trotz Sonne und Durst.

Wieder einige Wochen daheim, plagten mich eines Nachts heftige Nierenschmerzen. Anlaß zu der schmerzhaften Kolik war ein ordentlicher Nierenstein, der operativ entfernt werden mußte. Der behandelnde Arzt frug mich bei der Untersuchung, ob ich in jüngster Zeit eine längere Flugreise unternommen hätte, unter Umständen sogar mit einem längeren Wasserentzug. Das mußte ich wahrheitsgemäß bejahen, und so hatte der Mediziner seiner Meinung nach die Ursache meines Leidens entdeckt. Ich jedoch glaubte, nachdem ich die vielen Pyramiden, Königsgräber und Tempel besichtigt hatte, daß es sich nur um den berühmten „Fluch der Pharaonen" gehandelt haben konnte. Bei einem Alpensteinbock wäre mir solches Mißgeschick nicht passiert.

Wie recht sollte ich noch bekommen!

Möge Gott mit ihnen sein

Der Doppelmord im Heideforst

Es ist Freitag, der 10. August 1990. In einem britischen Militärhospital in Bielefeld wartet die 28jährige Ärztin Jacqueline C. ungeduldig auf den Besuch eines Mannes. Sie hat sich entschlossen, ihr nicht mehr ganz neues Auto zu verkaufen. Auf eine Anzeige in der englischen Armeezeitung, dem „Forces Echo“ hin meldete sich ein Interessent. Er gab sich als Sergeant Andrews aus. Die junge Frau hoffte, ihr Freund, ein britischer Major, würde ihr heute Mittag beim Verkauf ihres Wagens behilflich sein. Zwar hatten sie gemeinsam in ihrem Büro eine ganze Zeit lang gewartet, doch als der angekündigte Besucher zu dem verabredeten Zeitpunkt nicht erschien, verließ der Freund gegen 14.35 Uhr das Medical Centre, um etwas einzukaufen.

Nur wenige Minuten später sieht Jacqueline C. auf dem Flur zu ihrem Büro einen ihr bisher unbekannten Mann stehen. Sie spricht ihn an, und er sagt, daß er der Sergeant (Feldwebel) Andrews sei, der ihr Auto kaufen wolle. Zuvor jedoch, so erklärt er, müsse er wohl eine Probefahrt mit dem Fahrzeug machen, und da wäre es sicherlich nützlich, wenn sie mit ihm führe. Der Mann ist etwa fünfunddreißig bis vierzig Jahre alt, circa ein Meter achtzig groß, hat braunes, kurzes Haar, grüne Augen und ist sonnengebräunt. Er trägt Zivil, ein braunes Baumwollhemd, Jeans und helle Turnschuhe.

Die Ärztin ist unschlüssig, ob sie mit dem Unbekannten das Büro verlassen soll. Schließlich hat sie ja Dienst. Doch dann nimmt sie ihre Handtasche mit den Fahrzeugschlüsseln und fordert den Fremden auf, mit ihr zu gehen. Auf dem Weg zur Garage macht sie an der Wache halt und telefoniert mit der diensthabenden Schwester. Hierbei kündigt sie baldige Rückkehr an.

Doch es sollte ganz anders kommen: Auf der Fahrt durch die Stadt in Richtung Detmold stoppt der Fahrer plötzlich den Wagen und zieht eine Pistole hervor. Er erklärt der zu Tode erschrockenen Frau, daß die Waffe geladen sei und er Gebrauch von ihr machen werde, wenn sie sich seinen Wünschen widersetzt. Dann holt er aus der Tasche ein paar metallene Handschellen hervor, zwingt die Ärztin, ihre Arme auf den Rücken zu legen und läßt die Fesseln einrasten.

In schneller Fahrt geht es stadtauswärts, zunächst über die Hauptstraße, dann auf Nebenstraßen in ein Waldgebiet. Auf einer Waldlichtung beginnt des Martyriums erster Teil: Hier setzt der Entführer sein Opfer aus, knebelt und fesselt es mit auf dem Rücken verschränkten Armen an einem Baum. Es ist jetzt etwa 15.30 Uhr. Der angebliche Andrews verabschiedet sich von der hilflosen Frau und läßt sie in dem Glauben, sie würde in absehbarer Zeit von anderen befreit werden. Er selbst setzt sich in den Wagen und fährt davon.

Ein und eine halbe Stunde sitzt die junge Frau in dieser prekären Situation und wartet sehnsüchtig darauf, daß jemand sie finden und befreien möge. Als sich ihr ein roter Wagen nähert, glaubt sie schon an Rettung, doch zu ihrem großen Schrecken muß sie erkennen, daß ihr Peiniger in diesem Wagen sitzt. Er hat in der Zwischenzeit das Fahrzeug der Ärztin wieder nach Bielefeld gebracht, es dort in der Nähe der Garage abgestellt, nicht ohne vorher alle Spuren beseitigt zu haben. Dann war er in sein eigenes Auto eingestiegen, um mit diesem die Entführung fortzusetzen.

Bei einer Waldlichtung angekommen, packt er einen Fotoapparat und eine Videokamera aus und beginnt, von seinem gefesselten Opfer Aufnahmen zu machen. Denn, so sagt er, von solchen Bildern habe er schon immer geträumt. Kenner der Verbrecherszene bezweifeln übrigens nicht, daß es sogar einen speziellen Markt für solche von Menschen in Todesnot gemachten Aufnahmen geben soll.

Nun folgt der Tortur zweiter Teil: Der Brite wickelt die immer noch gefesselte Ärztin in eine Decke und legt sie einem zusammengerollten Teppich gleich in den Kofferraum. Auf diese Weise will er Kontaktspuren im Wagen vermeiden. Über den Kopf der Frau wird eine Jacke gestülpt. Dann startet der Täter wieder seinen Wagen und lenkt ihn in Richtung Hannover auf die Autobahn. Es ist dichter Wochenendverkehr, und nichts fürchtet der Fahrer mehr, als in einem Stau steckenzubleiben. Zwei leichte Auffahrunfälle hat er bereits passiert und berichtet seinem Opfer davon, und daß die Deutschen so schlecht Auto fahren würden. Damit die Fahrt nicht zu langweilig wird, wie er zynisch bemerkt, läßt er laut das Autoradio laufen.

Ziel der Fahrt ist der Nato-Truppenübungsplatz Bergen östlich von Fallingbostel. Gegen 19.00 Uhr durchfährt der rote Vauxhall das kleine verträumte Heidedörfchen Ostenholz. Gleich hinter den letzten Häusern beginnen die bewaldeten Randbereiche des Militärgeländes. Hier kennt sich der Täter aus. Hat als Soldat an mehreren Manövern teilgenommen und außerhalb der Dienstzeit das Gelände erkundet. In einer Waldschneise des Forstreviers H'berg hält er an, setzt den Wagen einige Meter zurück in den Bestand und läßt sein Opfer aussteigen. Auf einer mitgebrachten Militärplane muß sie sich niedersetzen. Die Fesselung erfolgt in der Weise, daß die rechte Hand an das linke Fußgelenk gekoppelt wird. Der Kerl selbst beginnt nun, einen Spirituskocher in Gang zu setzen und sich eine warme Mahlzeit herzurichten. Er kommt mit seinem Opfer ins Gespräch und berichtet von seinen Problemen. Daß er noch nie mit einer Frau oder einem Mann Geschlechtsverkehr gehabt habe, sagt er, und daß er das als nicht normal bezeichnen würde. (Das mit dem Mann wird man besser verstehen, wenn man sich vergegenwärtigt, daß es sich hier um einen Angehörigen der britischen Armee handelt). Er macht der Frau, die jede Nahrung verweigert, unmißverständlich klar, daß er hier mit ihr übernachten wolle, denn „der Platz ist so abgelegen, hier findet uns keiner."

Da fällt plötzlich gar nicht so weit entfernt ein Schuß. Die Ärztin bemerkt, daß der Mann für einen Augenblick etwas verunsichert ist, doch dann beruhigt er sich wieder und fährt mit der Ausbreitung seines Seelenschmerzes fort.

Ostenholz, 19.00 Uhr. Der Leiter des für den südlichen Teil des Truppenübungsplatzes zuständigen Forstamtes S. hat sich mit einem Jagdgast verabredet und wartet unter einer alten Hofeiche auf ihn. Mehr als einmal blickt er sorgenvoll auf seine Uhr und fragt sich, ob der Gast bei dem üblichen Freitagsverkehr auf der Autobahn wohl pünktlich sein würde. Da nähert sich ein jagdgrüner Pkw dem verabredeten Treffpunkt, der Erwartete ist da. Rasch lädt er seine Jagdutensilien um und steigt in den Wagen des Dienststellenleiters. Und schon geht es ab ins Revier. An der Hirschwiese angekommen, einem bekannten Feisthirscheinstand, bemerken die beiden Jäger ein kleines Rudel Rothirsche. Darunter ist ein geringer Sechser vom zweiten Kopf, also gerade das, was der Jagdgast schießen sollte. Durch das dichte Fichtenstangenholz führt ein verschwiegener Pirschpfad, an dessen Ende ein kleiner, ebenerdiger Schirm steht. Hier lädt der Jagdgast seine Waffe, richtet sie auf den zuvor angesprochenen Sechser, und hinaus ist der Schuß.

Die 8 × 68 macht einen gehörigen Knall. Der Hirsch liegt aber nicht. Der Oberforstrat eilt zu seinem Wagen, in dem die bayerische Gebirgsschweißhündin auf nichts sehnlicher wartet, als zu einer Nachsuche geholt zu werden. Auf dem Anschuß findet sich weder Schnitthaar noch Schweiß. Die Eingriffe der Schalen sind auf dem nassen Wiesengrund deutlich zu erkennen, und immer wieder folgt der Hund dem ausgetretenen Rotwildwechsel. Aber, und das erkennt der Führer sehr genau, der Hund ist nicht sonderlich an der Fährte interessiert. Ein Fehlschuß wird immer wahrscheinlicher, und gegen zwanzig Uhr wird die Suche schließlich aufgegeben. Wär ja auch zu schnell gegangen mit dem Erfolg auf den ersten Hirsch! Daß die Kontrollsuche sich so lange hinauszögerte, sollte für die beiden Grünröcke, wie sich später herausstellte, bedeutsam sein. Möglicherweise hat dieser Umstand ihnen das Leben gerettet. Als sie sich nämlich wieder zu dem Dienstwagen begeben, hören sie in rascher Folge mehrere Schüsse. Der Forstmeister mißt dem keine Bedeutung zu, schließlich arbeitet er schon fünfzehn Jahre auf dem Schießplatz. Doch der Gast fragt besorgt, ob denn in dem Revier noch andere Leute zur Jagd gingen. „Nein, nein", entgegnet der Oberforstrat, „das sind keine Kugelschüsse, das hört sich anders an, wie Platzpatronen. Am kommenden Montag endet die Sommerpause auf dem Übungsplatz, und so können am Wochenende schon kleine Truppeneinheiten beim Üben sein". Sprach's, setzte sich in sein Auto und steuerte einen anderen Forstort an.

Nun zum dritten Schauplatz der wahren Geschichte: Es ist Freitag gegen 19.00 Uhr. Im Forsthaus H'berg rüsten sich zwei Forstmänner zur Jagd. Der Revierleiter H. ist für zwei Wochen in die Berge gefahren, Urlaub machen. Das Forsthaus hüten der Förster T. und seine Ehefrau ein. T. war in dem Revier H'berg schon einmal dienstlich tätig und hatte sich mit dem „alten" H. angefreundet.

Der andere Jäger ist der achtundzwanzigjährige Sohn des Revierleiters, Werner H. Auch er, der beruflich im Rheinland als Forstwirt tätig ist, hat Urlaub. Wie so oft zieht es ihn am freien Wochenende ins väterliche Forsthaus. An diesem Wochenende sollte er nach dem Willen des Vaters nicht nach Hause kommen, das Haus war ja versorgt, und die Fahrt über die Autobahn doch so lang und gefährlich. Doch Werner H. hatte sich im Lauf der Zeit auch mit dem fünfzigjährigen Bernd T. angefreundet, und so war er voller Erwartung, den älteren Freund ins väterliche Revier begleiten zu können.

Förster T. ist passionierter Jäger und Naturfreund. Vom Forstamt hat er sich rechtzeitig die Erlaubnis geholt, während seines Urlaubs in H'berg Wild fotografieren zu dürfen. Stolz zeigt er seinen neuen Fotoapparat mit den entsprechend langen Teleobjektiven vor. Dem Forstamtsleiter ist die Anwesenheit von T. im Revier nur recht. Nicht nur, daß der passionierte Jäger beim Kahlwild- und Rehbockabschuß helfen soll, nein, da war auch noch diese große Trockenheit in den Wäldern der Heide, und da war es schon gut, wenn jemand nach dem rechten sah.

Kurz nach 19.00 Uhr brechen die beiden Freunde auf. T. führt seine ganze Fotoausrüstung und sein Fernglas mit sich. Seine Dienstpistole, die er sonst stets bei sich trägt, läßt er bei seiner Frau zurück wie auch die Büchse. Werner H. öffnet den Waffenschrank seines Vaters und entnimmt ihm eine Bockbüchsflinte, mit der er schon früher gelegentlich gejagt hat, und das dazugehörige gefüllte Patronenetui. Die beiden Pufferpatronen läßt er in der Waffe, ein Umstand, der schreckliche Folgen haben wird. „Ich nehm' die Waffe, sagt er lachend zu seinem Freund, damit wir bewaffnet sind, falls uns der richtige Bock kommt!"

Sie verabschieden sich von Frau T., sagen, daß es auch später werden könne, besteigen den Wagen von Werner H. und streben dem Revier zu. Ihr erstes Ziel ist die Kanzel an der ‚Rodefläche'. T. hatte dort am Abend zuvor viel Wild gesehen, das wollte er fotografieren. Sie sollten dort nie ankommen! Etwa einhundert Meter von der Stelle entfernt, an der der Pirschpfad in Richtung ‚Rodefläche' beginnt, lassen sie den Pkw stehen und gehen zu Fuß weiter. Wären sie rechts in den Pirschpfad eingebogen, ohne nach links in den Kiefernbestand zu schauen, wäre es vermutlich nicht zu der schrecklichen Begegnung mit ihrem Mörder gekommen. Doch einer von ihnen blickt nach links und entdeckt etwas, was die Aufmerksamkeit eines jeden Forstmannes in dieser heißen Jahreszeit auf sich zieht: In einer Rückegasse steigt leichter, bläulicher Rauch empor, ein Mensch sitzt vor einer kleinen offenen Feuerstelle und ahnt wohl nicht, daß aus der kleinen Flamme ein Waldbrand entstehen kann. Also gehen sie näher auf den Fremden zu, sehen, daß noch eine weitere Person auf der Erde hockt und daß ein roter Personenwagen zwischen den Bäumen abgestellt ist. Picknick im Sperrgebiet, das hat uns gerade noch gefehlt, mag es durch die Köpfe der Forstleute gegangen sein.

Der Mann in Zivil sitzt mit dem Rücken zu ihnen. Jacqueline C., die Ärztin, sieht die beiden Männer zuerst. Mit der freien Hand gibt sie den beiden Zeichen, daß sie gefesselt und der Mann ihr gegenüber bewaffnet ist. Ob sie es verstehen, wer weiß es? In ihrem Innersten hofft Jacqueline, daß die Männer unerkannt wieder umkehren und Hilfe holen mögen. Doch dazu ist es zu spät. Es kommt zu einem Gespräch zwischen den Männern. Was er hier treibe, will T. von dem Engländer wissen und weist auf die Fesseln der Frau. „Wir machen Sex", sagt der Engländer, „auf etwas ungewöhnliche Art". Die Verständigung ist recht mühsam. Der Brite spricht nur gebrochen Deutsch, die beiden Deutschen ein wenig Englisch. Die Ärztin, die gar kein Deutsch versteht, hält sich zunächst ganz aus dem Wortwechsel heraus. Schließlich gibt sie dem Entführer doch zu verstehen, daß sie mit den beiden Förstern mitgehen wolle. Er solle allein nach Detmold zurückfahren. Sie würde ihn gegen Mitternacht bei seiner Einheit anrufen, und so könnten sie weiter über seine Probleme sprechen.

Werner H. geht zu dem Wagen des Briten und schreibt sich das Kennzeichen auf. Den Zettel steckt er in seine Brieftasche. Bernd T. holt seinen Fotoapparat hervor und fotografiert den Fremden und das Fahrzeug. Nachdem der Entführer sein Opfer von den Fesseln befreit hat, machen sich die drei auf den Weg. Es ist jetzt etwa zwanzig Uhr. Links geht Bernd T., rechts von ihm Werner H., links von diesem, ein wenig zurückhängend, die Britin.

Da springt plötzlich der Engländer zu seinem Wagen, reißt aus der Türablage eine Pistole hervor, ruft den fortgehenden etwas zu und ist mit einigen schnellen Sätzen wieder kurz hinter den dreien, die erschrocken stehen bleiben. Er lädt die Pistole durch (wobei die Patrone, die sich schon im Patronenlager befand, herausfiel) und hält sie auf einen der Deutschen. Noch ehe sie begreifen, worum es geht, fällt Werner W., von zwei Pistolenkugeln in den Rücken getroffen, zu Boden. Dann schießt der Wahnsinnige so lange auf Bernd T. ein, bis das Magazin leer ist. T. taumelt, fällt aber nicht. Es kommt zu einem Kampf zwischen den beiden, in dem T. mit einigen Faustschlägen am Kopf getroffen wird. Er wehrt sich verzweifelt. Da ergreift der Brite die Kamera von T. und schlägt sie diesem über den Kopf. T. sackt in sich zusammen, lebt aber noch. Nun ergreift der Soldat die Bockbüchsflinte des auf dem Bauch liegenden Werner H. Er kommt mit dem ihm fremden Gewehr nicht zurecht, schlägt die Waffe zu Boden, so daß der Schaft absplittert. Mit den Läufen schlägt er erneut mit aller Brutalität auf T. ein, bis dieser kein Lebenszeichen mehr von sich gab.

Die Ärztin hat sich nach den ersten Schüssen auf den Boden fallen lassen und sucht hinter einem Baum Schutz. Fort läuft sie nicht. Nachdem Bernd T. den Kampf eingestellt hat, ruft der Brite die Frau herbei und – unter Anspielung auf ihre medizinische Ausbildung – befiehlt er ihr, die Deutschen zu untersuchen. Er will wissen, ob sie tot sind. Zuerst geht sie zu dem jungen H. Er lebt noch und fleht sie auf deutsch und englisch an, ihm zu helfen. Obwohl sie vom Gegenteil überzeugt ist, sagt sie dem Mörder, daß H. tödlich verletzt sei. Bei T. bemerkt die Ärztin, dieser gebe kein Lebenszeichen mehr von sich. Den Briten beunruhigt, daß T. noch seine Lippen und Augen bewegt. Auf seine Frage, was das zu bedeuten habe, antwortet die Medizinerin: „Das geht noch eine Weile so, auch wenn der Mensch schon tot ist."

Der Sergeant bringt die verstörte Frau wieder zu seinem Wagen und fesselt sie in gewohnter Weise an die Beifahrertür. Er hat sein teuflisches Werk aber noch nicht beendet. In seine Browning, Kaliber 9 mm, führt er ein volles Ersatzmagazin ein und geht zu dem stöhnenden Werner H. zurück. Er dreht ihn auf den Rücken und sieht, daß der junge Mann noch lebt. Er hebt die Pistole und gibt aus nächster Entfernung zwei Schüsse in die Herzgegend seines Opfers ab. Seine Worte, „Möge Gott mit ihnen sein" hat H. sicher nicht mehr gehört. Ob sie dem Mörder wirklich so über die Lippen gegangen sind, wie er später vor Gericht angibt, wer will das schon wissen!

Nun rafft der Täter alles zusammen, was ihn belasten könnte. Der Kamera des T. entnimmt er den belichteten Film und steckt ihn ein. In der Brieftasche des H. sucht er den Zettel mit seiner Autonummer und findet ihn. Bei dieser Gelegenheit stößt er auch auf einen größeren Geldbetrag, den er ebenfalls mitgehen läßt. Die Kamera und die beschädigte Waffe verstaut er in aller Eile im Wagen. Das Fernglas des

T. läßt er liegen, weil, so sagt er zu der Entführten, auf ihm wohl keine Fingerabdrücke seien. Dann verläßt er auf demselben Wege, auf dem er gekommen ist, den Tatort.

Es mag jetzt einige Minuten nach zwanzig Uhr sein. Eigentlich hätte der Oberforstrat M. mit dem roten Vauxhall des flüchtenden Mörders auf dem engen Waldweg zusammentreffen müssen. Aber glückliche Umstände lassen es nicht zu einer direkten Begegnung kommen. Das Ziel von M. ist zunächst der Hochsitz an der ‚Rodefläche', wo auch T. und H. ansitzen wollten. M. kommt jedoch aus entgegengesetzter Richtung angefahren. Als er sich in der Höhe des Pirschpfades zu dem Wildacker befindet, stoppt er seinen Wagen. Er bemerkt das knapp einhundert Meter vor ihm abgestellte Auto des H., weiß aber weder, daß es diesem gehört, noch daß sich Werner H. an diesem Wochenende im Revier befindet. M. und sein Gast stehen nur fünfzig Meter von dem Ort entfernt, an dem sich das unfaßbare Geschehen wenige Minuten zuvor abgespielt hat, sehen aber nichts von der Tragödie. Sie sind knapp an den Leichen vorbeigefahren und haben sie nicht bemerkt, weil leichte Bodenwellen den Blick auf sie versperren.

Ein schneller Gang zu dem Hochsitz soll Klarheit geben, wer dort ansitzt und wem das Auto gehört. Doch der Hochsitz ist leer. Gejagt kann hier auch niemand haben, denn eine Bache mit Frischlingen steht in einiger Entfernung von der Kanzel im Gebräch. Also eilen M. und sein Begleiter zurück zu ihrem Wagen und halten an dem fremden Fahrzeug. Es ist abgeschlossen und nichts weist im Wageninneren auf seinen Besitzer hin. Da nimmt M. einen Zettel, vermerkt auf ihm, daß sich der Fahrer am nächsten Tag bei ihm im Forstamt melden solle und klemmt ihn hinter den Scheibenwischer auf der Fahrerseite. Nichtsahnend fahren die beiden weiter, erreichen nach 10 Minuten eine andere Freifläche, und im letzten Büchsenlicht kommt der Jagdgast tatsächlich noch zu Schuß. Kurz nach zweiundzwanzig Uhr verlassen die beiden Jäger das Revier.

Zur gleichen Zeit – es ist bereits dunkel geworden – bricht der Entführer mit seinem Opfer von einer anderen Stelle des Truppenübungsplatzes auf, um noch einmal zum Tatort zu fahren. Etwa ein und eine halbe Stunde hat er sich auf einem ungenützten Biwakplatz aufgehalten, hat dort die ihn belastenden Filme und Papiere verbrannt und sich in aller Ruhe eine warme Mahlzeit bereitet. Was ihn wieder zu

Karg ist der Lebensraum des Nubischen Steinbocks

Nicht schwerer als ein Rehbock – die Dorcas Gazelle

Er muß noch wachsen, bevor er einen Hasen greifen kann

Nichts entgeht dem alten Heiderammler in der Sasse

dem Tatort treibt, ist ein schweres Kettenglied aus Eisen, das er dort bei der übereilten Flucht zurückgelassen hat. Er sagt, daß man dieses Metallstück leicht als Bestandteil der britischen Heeresausrüstung erkennen könne und er es daher wiederhaben müsse. Was er wirklich mit dem Gewicht vorhat, sagt er nicht. Immerhin könne man damit eine ins Wasser geworfene Leiche beschweren.

Wenn immer gesagt wird, daß es den Täter zum Ort seiner Tat zurücktreibt, so bewahrheitet sich dieser Spruch hier auf recht eindrucksvolle Weise.

Die Nacht ist nun endgültig hereingebrochen. Im Forsthaus H'berg sitzt die Frau des Försters T. vor dem Fernseher und wartet ungeduldig auf die Rückkehr ihres Mannes. Sollten die beiden Freunde noch auf Sauen ansitzen? Haben sie spät etwas geschossen und sind mit dem Bergen des Wildes noch beschäftigt? Sind sie vielleicht, nachdem sie einen Rehbock geschossen haben, noch auf ein Bier in einer Gastwirtschaft eingekehrt? Viele Gedanken gehen der besorgten Frau durch den Kopf. Als ihr Mann am frühen Morgen des nächsten Tages immer noch nicht eingetroffen ist, alarmiert sie die Polizei. Die Beamten finden sehr bald den Wagen des Werner H. mit dem Zettel an der Windschutzscheibe. Die Ermordeten selbst entdecken sie zunächst nicht. Erst als am Vormittag ein Hubschrauber aufsteigt und sich der Mordstelle nähert, sind die Leichen schnell ausgemacht.

Kollegen des H. und der Dienststellenleiter treffen an der Unglücksstelle ein. Entsetzen breitet sich auf ihren Gesichtern aus, als sie die leblosen Körper ihrer Weggefährten sehen. Rotgefärbt sind die grünen Hemden der Ermordeten von ihrem Blut. Stahlblaue Fliegen umkreisen die im Tode erstarrten und zerschundenen Gesichter.

Die Frage nach dem oder den Mördern erhitzt zunächst die Gemüter. Doch sehr bald findet sich die Lösung des Falles: Schon am Abend des nachfolgenden Tages, am Samstag, den 11. August, wird gegen 18.00 Uhr der Mörder in seiner Kaserne verhaftet. Wie war es dazu gekommen?

In der Nacht von Freitag auf Samstag fährt er mit der entführten Frau auf dem Truppenübungsplatz umher, bis er schließlich auf einem Biwakplatz im Osten des Platzes ein geeignetes Terrain zum Übernachten findet. Dort gerät er zunächst in Bedrängnis, weil er sich mit seinem Wagen im losen Heidesand festfährt. Verzweifelt versucht er, den

Wagen mit eigener Kraft freizubekommen. Es gelingt ihm nicht. Während dieser Zeit sitzt die Frau, gefesselt an die Beifahrertür, im Auto und hat Zeit, das Handschuhfach durchzustöbern. Hierbei entdeckt sie, daß ihr Entführer nicht Andrews heißt, wie er vorgegeben hat, sondern der Sergeant Geoffrey Leonard M. aus Detmold ist. In dem Fach der Beifahrertür sieht sie die Pistole des Mörders stecken, hat aber nicht den Mut, sie mit der freien Hand an sich zu nehmen.

Den Rest der Nacht verbringen beide auf ihren Sitzen. Unruhig wälzt sich der Verbrecher von einer Seite zur anderen. Als es hell wird, bindet er die Frau in bewährter Manier abseits des Wagens an einen Baum und geht los, um Hilfe wegen seines festgefahrenen Wagens zu holen. Zielstrebig geht er auf eine im Walde gelegene Kaserne der niederländischen Armee zu und kann die Wachhabenden dazu überreden, ihm mit einem Geländewagen aus seiner mißlichen Lage zu befreien. Hierbei entgeht es einem der Holländer nicht, daß der Brite Blutflecken an seinem Hemd hat. Wie sollte er auch? Darauf angesprochen, erklärt er freiweg und ohne Zögern, er sei mit einem Jäger verabredet gewesen, dieser jedoch nicht gekommen. So habe er ein Stück Wild allein geschossen. Niemand schöpft Verdacht.

Aus seiner mißlichen Lage befreit, hat der Verbrecher nichts Eiligeres zu tun, als nun seine Videokamera hervorzuholen und weitere Aufnahmen seines Opfers zu machen. Es muß für die Frau schon demütigend gewesen sein, mit verbundenen Augen in allen nur möglichen Stellungen vor der laufenden Kamera zu posieren, immer in der Furcht, irgendwann doch umgebracht zu werden. Als die Situation immer brenzliger wird, bedient sie sich einer List, um ihr Leben zu retten. Als der Mörder ihr erklärt, daß er zwei Morde auf dem Gewissen habe und es auf einen dritten nun auch nicht mehr ankäme, erinnert sie sich ihrer besonderen Ausbildung in Psychologie und beginnt mit ihrer ganzen Überredungskunst, sich dem Täter als eine Verbündete darzustellen. Gemeinsam solle man die Spuren der Morde verwischen und so tun, als seien diese nie geschehen. Entführung, die ohne Gewaltanwendung stattgefunden habe, soll als ein Akt geistiger Verwirrung dargestellt werden, wobei die Ärztin dem Entführer bescheinigen wolle, daß er sich stets korrekt verhalten habe. Auch die Filme aus der Videokamera müßten verschwinden. Nur die mit dem Fotoapparat gemachten Aufnahmen sollten ihm als ständige Erinnerung an ihre gemeinsame Zeit bleiben. Kurzum, es sei das Beste, sich in Detmold seiner Einheit zu stellen und nicht mehr an das Verbrechen zu denken.

Sergeant M. geht nach langem Zögern schließlich auf das Angebot ein. Er verläßt gegen 16.00 Uhr den Truppenübungsplatz und gibt noch vor 18.00 Uhr in der Nähe einer britischen Kaserne in Bielefeld die Ärztin frei. Diese wagt nicht, sich beim Weggehen umzudrehen. Groß ist ihre Furcht, der Gewalttäter könnte sich alles noch einmal anders überlegen und sie wieder aufgreifen. Kurz darauf wird sie von einem britischen Militärposten angesprochen und in Sicherheit gebracht.

Der Sergeant selbst fährt, nachdem er die Ärztin freigelassen hat, nach Detmold, wo er dienstlich stationiert ist. In einer Waschanlage läßt er seinen Wagen reinigen. Die Bockbüchsflinte und die Fotoausrüstung des Bernd T. versenkt er in einem Teich. In die auf dem Kasernengelände stehenden Müllcontainer wirft er einzelne Bekleidungsstücke, die er während der Fahrt in die Heide anhatte. Sein höchstes Gut, den belichteten Film mit den Aufnahmen von seinem gefesselten Opfer, versteckt er in einem Sessel der Unteroffiziersmesse. Auch von seiner Pistole, der Tatwaffe, mag er sich nicht trennen und verbirgt sie im Trockenraum seines Wohnblocks. Dann geht er zu seinem Vorgesetzten und berichtet ihm die Geschichte mit der Entführung, und zwar so, wie er es mit der Ärztin abgesprochen hatte.

Groß ist sein Entsetzen, als er erfährt, daß die Entführte bei ihrer ersten Vernehmung von dem Doppelmord berichtet und den Tathergang in allen Einzelheiten geschildert hat. Daß ein Offizier – wir hatten ja schon vorher gehört, daß die Militärärztin im Range eines Hauptmannes steht – so schnell sein Wort brechen konnte, wollte nicht in seinen Kopf. Von Stund an ließ er sich auch von keinem Offizier mehr vernehmen, sondern sagte nur vor einem Unteroffizier aus.

Der Fall kommt vor ein britisches Militärgericht. Der Versuch des Angeklagten und seiner Verteidigung, die Tat als Totschlag herunterzuspielen, scheitert alsbald. Der Umstand, daß er den verwundeten Werner H. bewußt und mit voller Absicht mit den zwei Schüssen in die Brust getötet hat, läßt das Gericht auf Mord und auf nichts anderes befinden. Im März 1991 wird der Sergeant Geoffrey L. M. wegen Mordes in zwei Fällen und wegen Freiheitsberaubung zu lebenslanger

Haft verurteilt. Nach dem Willen des Gerichts soll er davon mindestens zwanzig Jahre in der Haftanstalt verbringen und nur ein Gnadenakt der britischen Königin kann ihn überhaupt vor lebenslanger Haft bewahren.

Viele Fragen wirft die Gewalttat auf, die bei den Forstleuten und Jägern in der Heide lange Zeit Gesprächsthema ist. Warum nur hatten H. und T. während der Unterredung mit dem britischen Soldaten nicht ihre Waffen geladen? Warum hatte der resolute und im Umgang mit zwielichtigen Waldbesuchern so erfahrene Forstobersekretär T. nicht die Waffe an sich genommen, als er erkennen mußte, daß es sich hier nicht um ein verrücktes Liebespaar, sondern um ein Verbrechen, nämlich eine Entführung, handelte. Warum wandten sie bei ihrem Abzug dem Engländer den Rücken zu und verletzten damit eine der Grundregeln im Umgang mit zwielichtigen, verdächtigen Personen. Gewiß, man muß den Mut der entführten Ärztin bewundern, der es durch Beherrschung und Selbstdisziplin gelang, ihr Leben zu retten. Doch es drängt sich dem unbefangenen Betrachter auch die Frage auf, warum sie sich nicht mit den beiden Deutschen verbündete, um zu dritt den Soldaten zu überwältigen und so der Entführung ein schnelles Ende zu machen. Mußte nicht auch sie von der Gefährlichkeit des Entführers überzeugt sein, nach allem, was sie durchgemacht hatte? Schließlich war der Brite zunächst unbewaffnet, seine Pistole lag im Auto, doch die Förster hatten eine Waffe bei sich. Waren es Verständigungsschwierigkeiten, oder war es gar für einen britischen Offizier eine gewagte Vorstellung, daß zwei deutsche Jäger einen britischen Soldaten festnehmen sollten? Fragen über Fragen, zu denen auch der Prozeß keine eindeutige Klärung geben konnte.

Wie kann ein Soldat kaltblütig zwei Menschen erschießen, die ihm nichts getan haben? Auf die Frage, wie es zu den Todesschüssen kommen konnte, sagte der Mörder: „Ich hatte gehofft, mit ihr allein zu sein. Da kamen diese zwei Tölpel in mein Paradies gestolpert." Hätte er nur zwanzig Meter weiter im Bestand sein schmutziges Geschäft begonnen, kein Förster hätte ihn vermutlich entdeckt. Doch niemand kann ahnen, wie das Verbrechen dann geendet hätte.

Ein großer Findling aus der Heide wird noch über Generationen hinaus von dem unglückseligen Tag im August des Jahres 1990 künden.

Jagd auf den König der Berge

War das eine Freude, als in der Vorweihnachtszeit des Jahres 1988 ein Brief des Jagdamtes für den Kanton Wallis (Schweiz) auf meinen Schreibtisch flatterte. Darin war zu lesen, daß im kommenden Jahr ein ‚Hegeabschuß auf einen Steinbock vorgenommen werden kann'. Was für ein Weihnachtsgeschenk! Lange hatte ich nichts auf meinen Antrag an die zuständige Behörde gehört, und nun war es soweit. Hatte da mein Freund Daniel, der Ständerat (was bei uns dem Bundestagsabgeordneten entspricht), ein wenig nachgeholfen?

Im Sommer dann der endgültige Bescheid: Jagd vom 15. August bis 10. September, im Ausnahmefall auch Ende Oktober. Wildhüter ist ein Tony, der, wie es im Brief heißt, nur französisch spricht. Und dann noch ein Hinweis: „Für einen Sachverständigen für den Abschuß und eventuelle telefonische Absprachen mit dem Wildhüter müssen Sie selbst sorgen!" Ach, was sind die Eidgenossen doch für liebenswürdige Menschen! Ein Glück, daß ich Daniel kenne, der wird schon alles richten, der hat doch viele Freunde. Und ein guter Mensch ist er obendrein, denn wie lautet doch das Sprichwort: ‚Ein guter Mensch hat viele Freunde.'

Da mir die Fahrt mit dem Auto in den Süden der Schweiz zu mühsam erschien, benutzte ich seit langem einmal wieder einen Schlafwagen der Deutschen Bundesbahn. Selbst nach dem zweiten Fläschchen Bier, das mir der freundliche Schaffner ins Abteil reichte, konnte ich kaum Schlaf finden. Entweder hielt mich die Vorfreude auf das zu erwartende Jagdabenteuer wach, oder es waren die entsetzlichen Geräusche, die von den kreischenden Eisenbahnrädern oder den Schlägen der Achse, über der sich offensichtlich meine Liegestatt befand, herrührten. Nur kurz, als der Zug bei Würzburg eine einstündige Rast einlegte, versank ich in Morpheus' Arme. Doch auch die längste Bahnfahrt hat einmal ein Ende, und so traf ich gegen Mittag in dem kleinen Städtchen Brig ein, wo Daniel schon auf mich wartete. Mit seinem Geländewagen fuhren wir das Rhonetal abwärts Richtung Genfer See, bis wir in Martigny ankamen. Die Stadt hatte sich gerade zum Empfang der Ringer aus aller Welt geschmückt, denn es waren dort Weltmeisterschaften angesagt. Keinen noch so komfortablen Logenplatz in der großen Sporthalle würde ich tauschen gegen den Platz im Wagen meines Begleiters, der mich in die Einsamkeit der Bergwelt führte. Ausgangs der Stadt bogen wir in eines der stillen Seitentäler der westlichen Walliser Alpen ein.

Die Fahrt durch das enge Tal auf den immer schmaler werdenden Straßen, vorbei an dem Gasthof eines der berühmtesten Schweizer Abfahrtsläufer, verging wie im Fluge. Schon waren wir am Ende des Tales in dem kleinen Dörfchen F. angekommen. Im einfachen Gasthaus trafen wir Tony, den Wildhüter, und zwei weitere Jagdhelfer, beides Freunde von Tony. Verwegen sahen sie schon aus, die eidgenössischen Jäger mit ihren breitkrempigen, verwitterten Filzhüten. Festes Schuhwerk und graue Kniebundhosen, und dazwischen nackte, sonnengebräunte Waden. Für das Bergsteigen im Sommer sicher ein angenehmer Brauch. Zur Erfrischung eine Tasse Kaffee, und schon ging es bepackt mit dem Nötigsten hinaus ins Revier. Wir wollten noch vor Einbruch der Dunkelheit die in etwa zweitausend Meter Höhe gelegene Jagdhütte erreichen.

Gut zweihundert Meter Höhenunterschied bekamen wir geschenkt: Der Lift einer Bergstation schaukelte uns den unteren Abschnitt des steilen Aufstiegs luftig in die Höhe. Aus der Gondel sah ich auf einem Felsvorsprung eine Gamsgeiß mit ihrem Kitz sitzen. Unvorstellbar, wie man aus solch einem Gefährt Jagd auf das edle Gebirgswild machen kann. Der rumänische Diktator Ceausescu, einer der umstrittensten Jäger unseres Jahrhunderts, hatte die Gebirgsjagd pervertiert, indem er sich mit einer extra für diesen Zweck errichteten Seilbahn über ein Gebirgstal bringen ließ und dann aus der stehenden Kabine das getriebene Gamswild wahllos zusammenschoß. Genug davon!

Mit dem gemächlich wirkenden, aber stetig Höhe gewinnenden Schritt des Gebirglers ging es steil bergan. Unterwegs Rast an einer Bergsteigerhütte, dann weiter auf nicht mehr ganz so steilem Pfad. Endlich war das neu errichtete Blockhaus erreicht. Den Jägern bot sich ein unvergleichlicher Anblick der grandiosen Bergwelt dar. Die Sonne warf noch ihre letzten Strahlen gegen die mit ewigem Eis bedeckten Drei- und Viertausender der Walliser Hochalpenkette. Dunkelgrün waren noch die Matten und Hänge der unteren Lagen. Von der kleinen Bank vor dem Hüttenfenster aus genoß ich einen herrlichen Blick in unser Steinbockrevier. Unter den steilen Felswänden dehnten sich weite, von vielen Gräben und Geröllhalden durchzogene Alpweiden. Auf diese Grashänge, so sagte mir Tony, würde spätabends das Steinwild ziehen, doch hätte man wegen des Windes dort keine Chance, es abends zu bejagen. Da bliebe nur morgens der Aufstieg zu den Bergrücken, um von dort aus das anwechselnde Wild abzupassen.

So blieb für den Abend nur der Rundumblick mit Fernglas und Spektiv. Auf weite Entfernung zeigten sich vereinzelt Rudel von Gams- und Steinwild. Alte Böcke waren nicht darunter. Die standen sicher noch in den steilen Felsen. Die beiden Jagdhelfer und Tony gingen sogleich daran, neben der Hütte im Freien ein Feuer zu entfachen. Auf die Flamme legten sie einen großen, flachen Stein, der wie eine Herdplatte funktionierte. Als die nötige Hitze erreicht war, kamen in Folie gewickelte Steaks und anderes Grillgut darauf, mit Weißbrot und Maissalat ein köstliches Menü, an das ich noch lange zurückdenken werde. Auch der heimische Rosé, den die Männer im Rucksack heraufgeschleppt hatten, war genau das richtige für die ausgedörrten Kehlen und wäre allein den Aufstieg wert gewesen.

Da in dem engen Schlafraum nur zwei doppelstöckige Betten standen, wir aber zu fünft waren, mußte Raimond, der Jagdhelfer, auf dem Boden zwischen den Betten schlafen. Da dieser Naturbursche unanständig schnarchte und gelegentlich auch noch ein Zweiter oder Dritter zu „sägen“ anhob, fand ich auch in jener Nacht nur wenig Schlaf. Punkt vier Uhr in der Frühe hieß es aufstehen, und nach einem kurzen Frühstück ging es hinaus in die Nacht. Es war zu jener Zeit Vollmond. Vom sternklaren Himmel aus verwandelte die runde Scheibe des Mondes die Gebirgslandschaft in eine unwirkliche, geradezu märchenhafte Welt. In dem stillen Gebirgssee, an dessen Ufer wir eine Zeit lang vorbeigingen, spiegelten sich Mond und Sterne. Wir gingen zu viert, Freund Daniel, Tony, Raimond und ich. Ziel war die in knapp 3000 Meter Höhe gelegene Bergkuppe. Zunächst ging es durch einen von Felstrümmern aller Größen übersäten flacheren Hang. Das Mondlicht reichte gerade aus, um den Steig zu erkennen. Dann, im steileren Gelände, war der Pfad ausgetreten. Nun machte es aber Mühe, den gemächlich wirkenden, aber stetig an Höhe gewinnenden Schritt der Einheimischen zu folgen. Manchmal, wenn ein Kamm überschritten war, ging es ein kurzes Wegestück gleichlaufend zum Hang oder sogar ein wenig abwärts, da konnte man sich etwas erholen.

Endlich, wir hatten sicher schon fünfhundert Meter Höhenunterschied bezwungen, gab es einen kurzen Aufenthalt. Tony, der voranging, blieb plötzlich stehen. Ich sah eine Bewegung auf dem Pürschsteig und dachte an einen Dachs oder einen Marder, der sich uns entgegenstellte, doch es war eine graue, hungrige Katze. Weiß der Teufel, wer das arme Tier hier in dieser Höhe ausgesetzt haben mag oder wie es hierher gelangte. Nun bin ich von Haus aus kein Freund von Katzen, von wildernden schon gar nicht, und so war es mir besonders lästig, daß ausgerechnet mir das geplagte Wesen noch eine halbe Stunde lang stets vor den Füßen hertrottete. Schließlich gab es dann irgendwo auf.

Pünktlich um sechs Uhr hatten wir den Gebirgskamm erreicht. Es war schon ein erhebendes Gefühl, zu beiden Seiten des gewaltigen Gebirgsmassivs hinunterschauen zu können. Richtung Süden mußte irgendwo da unten die Hütte liegen, und zwischen ihr und uns ästen sich die Steinböcke langsam nach oben. Wir drangen ein kurzes Stück in den Südhang ein, um uns an einem geeigneten überhöhten Platz anzusetzen. Erst wenige Schritte waren wir einem Steg gefolgt, da sahen wir auf einem Felsblock den Umriß des Steinbockes, der offensichtlich schlief. Es war, wie mir Daniel zuflüsterte, ein junger, vielleicht drei- oder vierjähriger Bock. Sobald er eine Bewegung von uns bemerkte, wurde er hoch und stahl sich davon. Schon hatten wir unseren Ausguck erreicht, da wurde es auch richtig hell. Wir brauchten nicht allzu lange warten. Zwei Steinböcke näherten sich unserem Versteck. Der eine trug ein ebenmäßiges Gehörn und mochte, so tuschelten es die Jäger, zehn Jahre alt sein. Der andere jedoch abnorm. Rechts war alles in Ordnung, nur das linke Horn, das saß nicht am rechten Platz. Das war an der Basis abgeknickt und ragte seitwärts heraus. Auch dieser Bock mochte zehn Jahre alt sein, vielleicht ein Jahr älter.

Aus den Gesprächen mit Tony hatte ich erfahren, daß es sich bei seinem Revier um ein Schongebiet handelte, in dem nur krankes und altes Wild geschossen wurde, das also von der sonst in der Schweiz üblichen Lizenzjagd ausgeklammert ist. Somit war ein zehnjähriger Bock nicht zum Abschuß frei. Mir konnte das nur recht sein. Den Abnormen hätte man jedoch, ohne eine Vorschrift zu verletzen, schießen können. Daniel dolmetschte hin und her, die Frage war, ob ich ihn schießen wollte. Vieles ging mir durch den Kopf: Zu Hause habe ich eine Reihe abnormer Hirsche hängen, in Alaska hatte ich den uralten dreischaufligen Elch gestreckt, da würde dieser nicht alltägliche Steinbock wahrlich gut in meine Sammlung passen. Doch wenn man im Leben nur einmal die Chance hat, einen alten, regelrechten Steinbock zu schießen, dann sollte man die nutzen und nichts anderes.

Noch während ich mit mir rang, waren die Böcke auf etwa sechzig bis siebzig Meter an uns bergan vorbeigezogen und hatten es mit einem Male recht eilig. Und dann war ich allem Zwang zu einem Entschluß enthoben: Die beiden Böcke stiegen unaufhaltsam in die steile Felsregion ein, ein Schuß wäre der Trophäe wegen nicht mehr zu verantworten gewesen. Das Wild selbst hatte die Entscheidung getroffen; zwar sahen wir dann noch auf weite Entfernung einen Trupp dreier älterer Steinböcke nach oben ziehen, doch es war zu spät, um sie noch mit einer Kletterpartie zu erreichen. So blieb diese Morgenpürsch zwar ohne Erfolg, aber es war doch ein tolles Erlebnis. Auf dem Heimweg sahen wir noch einige Gams, darunter eine uralte Geiß mit hohen Krucken, die zu schießen sicher richtig gewesen wäre, doch Tony unterließ der Steinböcke wegen den Schuß.

Am nächsten Morgen galt es, den gleichen Aufstieg zu wiederholen. Fast kam er mir leichter und kürzer vor, doch wir waren zur gleichen Zeit auf dem Bergrücken. Dieses Mal stießen wir kurz vor der höchsten Stelle mit einem Rudel Scharwild zusammen, doch das Pfeifen der Gams, so hofften wir, konnte die Steinböcke nicht erreichen, da wir uns noch auf der anderen Seite des Berges befanden.

Der junge Steinbock saß nicht wieder auf seinem Wachposten. Wir pürschten ohne Aufenthalt unterhalb der steilen Wand weiter in den Hang hinein, bis wir an ein langgestreckte Geröllfeld kamen. Hier machten wir Halt. Unter uns steile, dann sanft auslaufende Grasflächen. Man kann ein weites Gebiet einsehen, doch es gibt kein Wild weit und breit. Schon schickt die aufgehende Sonne ihre ersten Strahlen über das uns gegenüberliegende Gebirgsmassiv, da sehen wir eine

Bewegung links unter uns. Aus einer Grabenrinne steigen bedächtig drei Steinböcke heraus. Tony mustert sie angestrengt durch sein Spektiv. Er meint, der vordere sei der älteste. Bei den Hirschen ist es ja meist umgekehrt, da kommt der älteste am Schluß. Tony schätzt den Bock auf mindestens zwölf Jahre, und da ich unbedingt einen Gehörnträger der Reifeklasse schießen soll, wär er mir schon recht. Ich kann durch das Glas verfolgen, wie die drei ‚alten Herren' allmählich näher kommen.

Wie der erfahrene Wildhüter einen zehnjährigen von einem reifen Bock unterscheiden kann, wird mancher fragen. Manche Theoretiker werden das für unmöglich halten. Doch ich weiß, erfahrene Jagdpraktiker können das. Durch den häufigen Umgang mit ihrem Wild, durch den Vergleich ihrer Schätzungen mit dem Ergebnis am gestreckten Stück erarbeiten sie sich im Laufe eines langen Jägerlebens solch eine Genauigkeit bei der Altersansprache, daß man sich schon darauf verlassen kann.

Noch sind die Böcke etwa fünfhundert Meter von uns entfernt, da faßt Tony den Entschluß, näher an das Wild heranzupürschen. Es kann sein, so glaubt er, daß bei diesem schönen Wetter schon bald Bergsteiger in dieser Gegend auftauchen und das Wild vergrämen können. Wo das Steinwild bejagt wird, und sei es nur sporadisch, ist es scheu und vorsichtig. Gesagt, getan. Der Morgenwind ist noch günstig und bläst uns ins Gesicht. Nur knapp die Hälfte der Distanz zum Wild wollen wir überbrücken, dann wollen wir auf den Bock warten. Tony ist schneller als ich auf den Läufen. In dem kantigen Steingewirr achte ich nur darauf, möglichst keinen Brocken loszutreten, der uns verraten könnte. Endlich haben wir eine gute Position erreicht, weiterzukriechen wäre zu gefährlich. Noch immer führt der Alte den kleinen Trupp an. Als er auf knapp zweihundert Meter breitsteht, entschließe ich mich zum Schuß. Die brave 6,5 × 68 wird es schon richten! Im Knall wirft es den massigen, dunkelbraunen bis fahlgrauen Wildkörper zu Boden. Hochblatt getroffen, bleibt der Bock auf der Stelle liegen.

Meine Begleiter sind außer sich vor Freude, drücken mir die Hand. Ich kann das, was sich hier in wenigen Minuten abgespielt hat, noch gar nicht fassen. Ein Traum ist wahrgeworden! Das Höchste, was einem Gebirgsjäger widerfahren kann, ist erreicht: Der König der Berge ist zur Strecke. Nach der Jagd auf den Nubischen Steinbock, als ich schon nicht mehr daran glaubte, je auf einen Alpensteinbock jagen zu können, hat sich ein magischer Kreis geschlossen.

In Nüßleins ‚Jagdkunde' hatte ich gelesen, daß das Horn des Steinbockes bis 85 Zentimeter Länge erreichen könnte. Der hier vor mir liegende, dreizehnjährige Bock hat knapp einen Meter lange Schläuche. Sie sind an der Basis so stark, daß man sie nur mit zwei Händen umfassen kann. Wahrlich ein Bock der Goldmedaillenklasse! Da entrichtet man gern dem Staat den fälligen Obulus.

Zauber einer Mondnacht

Es ist leider eine unbestreitbare Tatsache, daß in unseren beunruhigten, zersiedelten Revieren eine vernünftige Schwarzwildbejagung ohne die Kirrung nicht mehr möglich ist. Zu gern würde ich einmal wissen, wieviel Sauen in Deutschland auf herkömmlichem Ansitz, auf Drückjagd oder Pürsch zur Strecke kommen und wieviel auf der anderen Seite an der Maiskirrung und am Rüben- oder Kartoffelhaufen geschossen werden. Ich habe nie einen Hehl daraus gemacht, daß ich den Schwarzwildabschuß am Lockfutter durchaus für legitim und auch vom waidmännischen Standpunkt aus für durchaus vertretbar halte. Da können eigentlich nur Pharisäer die Nase rümpfen und solche Zeitgenossen, bei denen es auf ein Stück Schwarzwild mehr oder weniger nicht ankommt oder die überhaupt keine Sauen in ihren Revieren haben. An einer sachgerecht angelegten Kirrung muß man nicht die führende Bache schießen, sondern die überzähligen schwachen Überläufer und Frischlinge. So manches Stück mit einer alten Schußverletzung kam dort zur Strecke, auf das man andernorts vergeblich gewartet hätte. Und wer zu warten versteht, wird auch den reifen Keiler eines Tages erwischen. Jedoch dann nicht, wenn er sogleich auf jedes anwechselnde Stück Schwarzwild Dampf macht, und gewiß auch nicht, wenn jeder einzeln gehende Überläuferkeiler beschossen wird.

Daß die mit wachen Sinnen ausgerüsteten Sauen – besonders die älteren – sehr wohl um die Gefahren wissen, die ihnen an solchen Futterplätzen drohen, habe ich wiederholt erlebt, und es macht diese Art der Schwarzwildbejagung ganz reizvoll. Aus diesem Grunde verlege ich auch gern den Standort einer Kirrung, denn dort, wo es noch nie geknallt hat, ist das Wild natürlich vertrauter als an einer Dauereinrichtung.

Kürzlich hatte mich ein Freund auf einen Keiler eingeladen. Er hatte an einem verschwiegenen Plätzchen regelmäßig ein paar Zuckerrüben ausgelegt, und an dieser ‚Hinrichtungsstätte', wie wir spöttisch sagten, sollte ich es auf den Bassen versuchen. Das fahle Licht des Mondes würde für das Vorhaben reichen. Um Mitternacht kam der Keiler. Fast lautlos, wie man es von solch einem schweren Wild nicht erwarten sollte, kam er im Troll aus der Dickung, schnappte sich in der Bewegung eine Rübe und verschwand damit auf der gegenüberliegenden Seite. Nachdem er in voller Deckung den Leckerbissen gefressen hatte, erschien er wieder ‚in vollem Lauf', griff sich erneut eine der Feldfrüchte und tauchte in das Dunkel der anderen Dickungskante ein. So ging das noch einige Male.

An ein Schießen auf das bewegliche Ziel war bei diesen Lichtverhältnissen gar nicht zu denken, und so rettete der Basse an diesem Abend listig seine Schwarte. Tags darauf, als sich das gleiche Schauspiel wiederholte, machte mein Freund den Finger krumm. Gerade in dem Augenblick, als der Silbergraue sich wieder einmal eine Rübe ins Gebräch geschoben hatte und im Begriff war, davonzustürmen, krachte der Schuß. Das Ergebnis der folgenden Nachsuche war vorhersehbar: Der Keiler war glatt vorbeigeschossen. Ein Förster aus dem benachbarten Staatswald schoß dann den starken Keiler an einer Maiskirrung. Hier war es dem listigen Burschen wohl doch zu mühselig, im Laufschritt jeweils ein einzelnes Maiskorn aufzunehmen und damit in der Dickung zu verschwinden. Es war ein Keiler der Bronzemedaillenklasse!

Da ich schon lange keinen ordentlichen Keiler mehr im heimischen Revier geschossen hatte, reifte eines Tages in mir der Plan, im nächsten Winter an einer geeigneten Stelle eine Kirrung anzulegen, auch mal wieder beim Mondschein draußen zu sitzen und mir die Nächte um die Ohren zu schlagen. Auf den Wildacker kommt ja solch ein mit allen Wassern gewaschener Basse nicht, schon gar nicht bei gutem Licht. Die von den Bachen mit ihren Frischlingen ausgehende Unruhe meiden die alten Keiler wie der Teufel das Weihwasser, nur in der Rauschzeit ist der Drang zum weiblichen Geschlecht stärker als das bevorzugte Einzelgängerdasein. Die Frage für mich lautete: Wo könnte es sich lohnen, einen Ansitzschirm aufzustellen, um mit einigen Eimern Mais die Sauen zu verführen.

Die Entscheidung fiel an einem Dezembertag. Wir hatten im Freundeskreis wie üblich zwischen Weihnachten und Neujahr auf Kahlwild ‚gestokelt'. Dabei wurden nur kleine, überschaubare Einstände von einem Treiber beunruhigt. Rotwild kam vor und zur Strecke. Mit den Sauen hatte es noch nicht geklappt. Vor der Mittagsrast wollten wir noch schnell den ‚Kolker Wald' durchdrücken. Hier kam bisher Rotwild eigentlich immer vor die Büchse der Gäste, aber gelegentlich schossen wir auch ein Stück Dam- oder Schwarzwild. In diesem Jahr knallte es an der Nordflanke zweimal, und als ich Freund Norbert mit dem Wagen abholen wollte, war er gerade damit beschäftigt, einen Anschuß zu untersuchen. Ein stärkerer Keiler sei ihm kurz nach Beginn des Treibens über die blanke Heide gekommen, spitz auf ihn zu, so daß er nicht schießen konnte. Erst als die Sau auf wenige Schritte breit an ihm vorbeiflüchtete, habe er zweimal geschossen. Der erste Schuß ging vorbei, doch auf den zweiten Schuß hin habe der Keiler gezeichnet, ein wenig seine Fluchtrichtung verändert und in einer Entfernung von etwa zweihundert Metern kurz verhofft.

Eine Nachsuche war nötig. Wo der Keiler einen Sandweg überfallen hatte, waren die Eingriffe deutlich zu erkennen. Dort fanden wir nach langem Suchen auch einige Tropfen Schweiß. Dunkelrot war er, und ich tippte auf Wildbretschweiß. Da ich meine junge Bayerische Gebirgsschweißhündin Conny bei mir hatte, begann ich sogleich die Riemenarbeit. Schweiß fanden wir keinen mehr, doch weil der Hund so heftig im Riemen hing, schnallte ich ihn. Noch hatten wir freies Gelände vor uns, und sollte der Keiler krank vor uns herziehen, würde ihn der Hund stellen, bevor er sich in den großen Dickungen des Nachbarforstamtes einschieben könnte. Weit konnte ich das ‚Jiff-Jiff' der flinken Hündin verfolgen, die spurlaut der Wundfährte folgte. Dann glaubte ich in tausend Meter Entfernung kurz Hetzlaut zu hören, doch leider keinen Standlaut. So schnell es ging folgten wir mit dem Geländewagen dem Hund, doch nach wenigen Minuten kam uns dieser unverrichteter Dinge entgegen. Da konnte der Schuß wohl doch nicht allzuviel angerichtet haben!

Die wenigen Tropfen Schweiß ließen mich jedoch nicht ruhen. Ich bat am Abend den Forstoberinspektor A. mit seiner erfahrenen Hannoverschen Schweißhündin zu einer Kontrollsuche, die wir am nächsten Morgen durchführen wollten. In der dazwischenliegenden Nacht regnete es ganz heftig. Als wir an den Ort der Tat kamen, waren die

Eingriffe des Keilers verwaschen und nurmehr als flache runde Trichter zu erkennen. Hier muß ich noch einfügen, daß mir am Vortage der eigenartige Tritt der beschossenen Sau aufgefallen war. Es waren nämlich die Innenschalen der Vorderläufe kürzer als die Außenschalen, so daß die Fährte ganz unverwechselbar war. Dieser Umstand sollte für den weiteren Verlauf der Nachsuche von Bedeutung sein.

Es dauerte eine gewisse Zeit, bis die Hündin den Anschuß verwiesen und die Wundfährte angenommen hatte. Ruhig nahm das eingearbeitete Gespann die Arbeit auf. Ich blieb auf Tuchfühlung. Plötzlich hielt der Hundeführer inne und sagte: „Sehen Sie doch, dort steht eine frische, grobe Saufährte!", und er wies auf einen kahlen Sandplacken in der Heide. In der Tat, es war eine frische Fährte, doch sie stand nicht in Fluchtrichtung, sondern umgekehrt auf uns zu und in das Treiben hinein. Das konnte doch nicht wahr sein, das war doch tatsächlich der alte Basse mit den ungleich langen Schalen. Auf seinem alten Wechsel war er in der Frühe nach dem Regen wieder in seinen alten Einstand zurückgekehrt. Da er offensichtlich gesund und auch kein Schweiß zu finden war, konnten wir ruhigen Gewissens die Nachsuche abbrechen. Freund Norbert hatte ihn wohl nur leicht an einer Keule gestreift.

Der Keiler ging mir nicht mehr aus dem Sinn. Den Einstand noch einmal auf Verdacht durchzudrücken, erschien mir wenig erfolgversprechend. Wer wollte schon mit Bestimmtheit sagen, daß der Keiler stets in diesem Forstort stecken würde und wieviele Wechsel gab es, die aus diesem Labyrinth von umgeschossenen, abgebrochenen Kiefern, alten Fichten und dichter Naturverjüngung herausführten. Außerdem war es mein Wunsch und mein Ziel, nachdem der Freund abgereist war, den Keiler selbst zur Strecke zu bringen. Den Fehdehandschuh hatte ich ihm zugeworfen, der Kampf konnte beginnen!

Eine Kirrung mußte angelegt werden! Ende Januar war Vollmond, und bis dahin sollten sich die Sauen an den Mais gewöhnt haben. Mehr noch als die Körnerfrucht brachte ich Aufbruch zu der ausgewählten Fläche. Damit tut man einem Keiler sicher einen größeren Gefallen als mit Bananen oder Keksen. Eines Tages ließ ich dann einen transportablen Schirm, wie wir ihn bei den Ansitzdrückjagden verwenden, an Ort und Stelle bringen. Da in der Heide der Wind zumeist aus westlichen Richtungen weht, stellte ich ihn so, daß ich mich bei West- und Nordwind ohne Probleme dem Schirm nähern konnte.

An einem klaren Morgen – es war erst zunehmender Mond – trieb es mich zum Kolker Wald. Recht dunkel war es noch, als ich im Schirm Platz nahm. Durch das Fernglas konnte ich jedoch erkennen, daß sich am Lockfutter ein einzelnes Stück Schwarzwild zu schaffen machte. Als das Büchsenlicht heraufzog, sah ich, daß es ein geringer Überläufer war, der dort Nachlese hielt. Da ein Schuß zu dieser Tageszeit nichts mehr verderben konnte, ließ ich meine Büchse sprechen. Das war jagdlich betrachtet kein besonders aufwühlendes Erlebnis, aber aus der Sicht der Verwaltung waren mit dem Wildbreterlös wenigstens die Kosten für den Mais gedeckt.

Fortan ließ ich an der Kirrung wieder Ruhe einkehren, bis es drei Tage vor Vollmond war. Schnee gab es in diesem Jahr auch im Januar nicht, und die Wissenschaftler scheinen Recht zu behalten, die für unsere Breiten eine zunehmende Erwärmung infolge der Luftverschmutzung erwarten. ‚Treibhauseffekt' hin – ‚Treibhauseffekt' her, an diesem Abend wehte ein kühler Wind aus Nordwesten, und bei sternenklarer Nacht war mit Reif oder Bodenfrost zu rechnen. Auch ohne Schnee würde das Licht ausreichen, um einen sicheren Schuß abzugeben.

Zu zweit fuhren wir ins Revier. Ein Jagdhelfer hatte sich angeboten, mich zu begleiten und an anderer Stelle sein Glück auf Schwarzwild zu versuchen. Wir verabredeten, daß wir bis gegen 23.00 Uhr ansitzen und ich ihn danach abholen würde. Endlich, nachdem ich den Mitjäger abgesetzt hatte, steuerte ich allein und voller Erwartung das Ziel meiner Träume an. Den Wagen weit genug vom Schirm entfernt abgestellt, zog ich erst einmal den warmen Daunen-Overall an, nahm Büchse, Glas und Rucksack, und legte die letzte Strecke bis zum Ansitzplatz vorsichtig Fuß vor Fuß setzend zurück. Noch war die Bühne leer, ich hatte also nichts vergrämt.

Zu meiner Linken erstreckte sich ein uriger Hochwald mit uralten Eichen und dichtem Unterstand. Mir gegenüber lag eine aufgelassene Wiese, auf der sich im Laufe der Jahre mehrere Schwarzdornbüsche eingefunden hatten. Man mußte schon genau hinsehen, um so einen kugeligen, vom Rotwild verbissenen Busch in der Dunkelheit nicht als ein sicherndes Stück Schwarzwild anzusprechen. Zur Rechten war offenes Gelände. Zunächst ein schmaler Wildacker, auf dem sich Reste einer Lupinensaat befanden, und dann landwirtschaftlich genutzte

Ein Blick auf das Steinbockrevier

Der Kapitale ist zur Strecke

Immer auf der Hut – Damtiere mit ihren Kälbern

Futterzahme Sauen können ganz schön lästig werden

Flächen. Unter einem alten Birnbaum hatte ich die Kirrung angelegt. Sie war in letzter Zeit gut angenommen worden. Schnell hatten sich die Augen an das diffuse Licht gewöhnt. Allzu lange brauchten sie nicht über die freie Fläche hinwegschweifen, denn schon bald, noch ehe die Nacht endgültig hereingebrochen war, kam eine Rotte Schwarzwild aus dem Wiesengrund herangezogen. Eine Bache war es mit drei kräftigen Frischlingen, die sich so emsig und ungeniert über den Fraß hermachten, daß ich befürchten mußte, der Mais würde für nachfolgende Stücke nicht reichen. Nachdem ich dem Treiben bald eine ganze Stunde zugeschaut hatte, wünschte ich insgeheim, der Teufel möge die gefräßige Bande holen. Aber verscheuchen konnte ich die Sippe nicht, und als ob die Bache meine Gedanken erraten hätte, befiel sie plötzlich eine gewisse Unruhe und zog alsbald samt ihrem Nachwuchs dorthin, woher sie gekommen war. Nun war der Platz wieder leer und eine wunderbare, wohltuende Stille umgab mich.

Die Sterne funkelten vom Himmel auf meine kleine, friedvolle Welt herab, als gäbe es auf der Welt keinen Krieg, keinen Haß und kein Leid. Ein Käuzchen durchbrach gelegentlich mit seinem heiseren Ruf das Schweigen, und wenn es einmal in den kahlen Kronen der alten Eichen knackte, war es vielleicht der Baummarder, der dort auf Jagd ging.

Dann näherten sich mit einem Male drei dunkle Gestalten dem alten Birnbaum. Sauen! Was mochten das für Stücke sein? Frischlinge waren nicht zu sehen, also waren es wohl keine Bachen, aber grobe Sauen waren es schon. Ein Stück war etwas stärker als die beiden anderen und verhielt sich vorsichtiger als diese. Ein alter Keiler mit zwei jüngeren Adjutanten, so mußte es sein. Während die beiden schon Fraß aufnahmen, stand der Alte noch immer sichernd im Mondschatten. Dann zog er ein paar Schritte hervor, und deutlich sah ich im Mondlicht das silbergraue Haupt, so kurz und massig, wie es nur ein Keiler haben kann. Nun war es an der Zeit, sich für den Schuß fertig zu machen. Einen Blick wollte ich durchs Zielfernrohr werfen, das Gewehr entsichern, da rührte mich fast der Schlag: Meine Büchse war noch nicht geladen! Wie zum Teufel sollte ich angesichts dreier grober Sauen lautlos eine Kugel in den Lauf einführen, ohne das Wild zu vergrämen. Ich versuchte es. So geräuschlos es ging, zog ich den Kammerstengel zurück, doch als ich die Patrone in den Lauf drücken wollte, passierte es: Beim Nachvorneschieben des Kammerstengels gab es metallische Geräusche, und um allem die Krone aufzusetzen fiel auch noch eine Patrone herunter. Mit einem kurzen ‚Wuff' waren im Nu alle drei Sauen im Hochwald verschwunden.

Nun konnte ich in aller Ruhe repetieren und schalt mich einen Esel. Wie ein Anfänger hatte ich mich benommen!

Wieder hob das Warten an. Würde das Dreiergespann noch einmal erscheinen? Schließlich hatte ich ja nicht geschossen, und der Wind war nach wie vor gut. Sie kamen! Wieder zogen die beiden jüngeren Keiler schon zum Lockfutter, während der Alte noch sichernd am Waldrand stand. Seine Umrisse waren auch mit bloßem Auge gut zu erkennen. Ich zögerte nicht lange, suchte mit dem Zielstachel das Blatt, und hinaus war der Schuß. Deutlich konnte ich den Kugelschlag hören und war mir meiner Sache ganz sicher, auch wenn der Basse nicht am Platze lag.

Am langen Riemen führte mich mein Hund nach kurzer Suche zum längst verendeten Keiler. In einer Suhle lag der Basse, nur ein Teil der Schwarte ragte aus der lehmigen Brühe heraus. Ein Griff zu den Vorderläufen ergab Gewißheit, es war der von dem Freund zwischen den Jahren Gefehlte. Ein reifer Keiler, sechs, sieben oder acht Jahre alt. Das genaue Alter erfuhr ich auch nach dem Präparieren der Waffen nicht, denn bei der Altersansprache der Schwarzwildtrophäen tun wir uns bekanntlich immer noch schwer. Auch die Formzahl-Methode nach Brandt läßt keine Altersbestimmung, sondern nur eine Altersschätzung zu. Das ist gut so, denn letztlich haben wir es bei den Wildtieren nicht mit genormten technischen Einheiten zu tun, sondern mit lebendigen, ganz persönlich geprägten Individuen.

Doch mit solchen Überlegungen hatte ich an diesem Abend nichts im Sinn. Mein Wunsch, wieder einmal einen alten, reifen Keiler zu erlegen, war erfüllt, und ich war dankbar. Es ist doch zweifellos der Wunschtraum eines jeden Jägers, einmal einen urigen Bassen zu erlegen, und das ist weit schwieriger, als einen guten Hirsch oder Bock zu erjagen. Ich habe übrigens einmal bei verschiedenen Jagdvermittlern angefragt, ob sie den Abschuß eines starken Keilers garantieren können. Die Antwort war eindeutig ‚nein', von Gatterrevieren einmal abgesehen.

Im Schein der Taschenlampe brach ich den Keiler auf und hatte Zeit und Muße, die unbeschreibliche Stimmung der Mondnacht auf mich einwirken zu lassen. Gegen 23.00 Uhr sollte ich meinen Bekannten abholen, nachdem das Stück versorgt war, zeigte der Zeiger der Uhr erst auf 21.00 Uhr. So fuhr ich mit meinem Wagen bei ausgeschalteter Beleuchtung auf festen Wegen quer durchs Revier, um nach dem Rechten zu schauen. Der Wind hatte fast völlig nachgelassen, und auf den Wiesen bildete sich Reif. Es war so hell, daß man fast eine Zeitung hätte lesen können, zumindest die Schlagzeilen.

In der Nähe der ‚Pröbstener Wiese' stellte ich meinen Wagen ab, pürschte auf einer schmalen Teerstraße an ihrem östlichen Rand entlang. Dieses ehemalige Kreissträßchen wird von dicken Birken gesäumt, die nach preußischer Art im gleichen Abstand gepflanzt worden waren. Ich schlich von Baum zu Baum, immer wieder mit dem Fernglas Ausschau haltend. Plötzlich hatte ich ein Rudel Hirsche vor mir. Sie ästen vertraut auf der reifüberzogenen Wiese. Doch was war das? Unter all den Geweihten befand sich ein dunkles Stück, das irgendwie nicht dazu paßte. Wäre es Herbst gewesen, hätte man glauben können, ein Hirsch habe im Moor ausgiebig gesuhlt, doch das im Januar? Und ein Geweih trug der „Hirsch" auch nicht – es war ein starkes Stück Schwarzwild, ein Keiler ohne Frage, der hier mit den Hirschen eine Zweckgemeinschaft gebildet hatte. Ob nur für kurze Zeit und zufällig oder instinktiv und gewohnheitsgemäß, vermag ich nicht zu beurteilen. Drei Baumlängen mußte ich noch näher an das Rudel heran, um einen sicheren Schuß abgeben zu können. Denn diese Gelegenheit sich entgehen zu lassen, wäre eine Unterlassungssünde gewesen, an der ich sicher längere Zeit zu tragen gehabt hätte.

Zu den beiden nächsten Birken lief alles nach Plan. Bei der dritten jedoch muß ich etwas falsch gemacht haben, als ich hinter der rauhen Rinde Deckung suchte. Argwöhnisch sicherten die Hirsche zu mir herüber, rudelten sich und gingen nach wenigen Augenblicken flüchtig ab. Der Keiler war offensichtlich von dem plötzlichen Aufbruch seiner artfremden Genossen so überrascht, daß er als letzter die Flucht antrat. Ich riß meine Büchse an die Schulter, erfaßte im Zielfernrohr den schwarzen Wildkörper, fuhr mit und ließ im allerletzten Moment die Kugel fliegen. Deutlich vernahm ich den Kugelschlag und war darüber sehr erleichtert. Unbeirrt flüchtete der Basse über die breite Grasfläche und verschwand in dem angrenzenden Fichtenstangenholz.

Doch dann geschah etwas, was ich in meinem ganzen Jägerleben nicht vergessen werde: Aus dem geschlossenen Bestand ertönten Klagelaute, so laut und so eindringlich, daß es mir durch Mark und Bein ging. Hätte jemand in meiner unmittelbaren Nähe ein Wildschwein mit einer Saufeder abgefangen, es hätte nicht schauriger klingen können. Verstummten die Klagelaute, so vernahm ich deutlich, wie der Keiler die Kiefer aufeinanderschlug und mit den Gewehren wetzte. Mein erster Gedanke war, daß in dem Stangenholz die Rauschzeit voll entbrannt und der von mir beschossene Keiler an einen ebenbürtigen Nebenbuhler geraten war. Doch dann erfaßte ich endlich die Situation: Was sich da im Walde abspielte, war der Todeskampf eines wehrhaften Wildes, war das letzte Aufbäumen dieses starken Keilers.

Zehn Uhr war es inzwischen geworden. Nichts hielt mich mehr davon ab, meinen Begleiter aufzusuchen und ihm mein Erlebnis mitzuteilen. Zwei Keiler in einer Nacht, welch ein Glück! Mein Mitjäger hatte leider nichts geschossen. Die Sauen waren zwar frühzeitig zur Kirrung gekommen, hatten aber seinen Schirm umgeschlagen, Wind von ihm bekommen und unter dem ärgerlichen Blasen einer erfahrenen Bache das Weite gesucht. So gewitzt kann unser Schwarzwild sein!

Am nächsten Morgen in aller Herrgottsfrühe fanden wir nur wenige Meter im Bestand den Alten, steif und kalt. Es war der älteste Keiler, den ich je geschossen habe. Die Haderer waren breit und wuchtig, die Gewehre jedoch kurz und im Bereich der Schleifflächen hatten sie nicht mehr die bei jungen und mittelalten Keilern übliche Rundung, sondern ragten senkrecht nach oben. Von den Gewehren war in den letzten Jahren sicher mehr abgeschliffen worden, als nachwachsen konnte. Wenn man das Alter auf zehn Jahre schätzte, konnte es sicher nicht verkehrt sein.

Jagdgenossen – Zeitgenossen

Spätestens seit der politischen Wende in der ehemaligen DDR vermögen manche Mitbürger mit dem Begriff ‚Genosse' so recht nichts mehr anzufangen und mögen ihn nicht mehr hören. Zuviel Mißbrauch ist im Parteienwesen damit getrieben worden. Dabei entspricht ein „Jagdgenosse" uraltem deutschen Brauchtum. Nicht von ungefähr sagen die Jäger, sie machen einen Jagdhund „genossen", wenn sie ihm nach gelungener Nachsuche Teile des zur Strecke gebrachten Hochwildes verabreichen, um seine Jagdpassion weiter anzuregen und ihn an den Führer zu binden. So wirkt es manchmal schon ein wenig seltsam, wenn statt der „Waidgenossen" die lieben „Jagdkameraden" und Waidgesellen begrüßt werden. Wir können beim jagdlichen Brauchtum soviel alte Zöpfe abschneiden wie wir wollen, die jagdlichen Genossen müssen nicht gleich zu Sportsfreunden werden.

Ein altes russisches Sprichwort sagt: ‚Ein guter Mensch hat viele Freunde.' Auf das Jagdliche abgewandelt, könnte man auch sagen: „Wer viel Jagdgelegenheit bieten kann, hat viele Freunde." Dann darf man allerdings den Begriff Freundschaft nicht zu eng sehen. Denn mit dem Verblühen der Jagdgelegenheiten verduften dann auch die Freunde. Aber jagen ohne rechte Jagdfreunde ist doch nur eine halbe Sache, und viele gemeinsame Erlebnisse vertiefen die menschlichen Beziehungen.

Seit in den Bundesforsten entgeltliche Abschüsse von Trophäenträgern an Dritte vergeben werden, erscheinen auch in dem von mir betreuten Forstamt zu den entsprechenden Jagdzeiten Jäger (und Jägerinnen), die einen Rehbock, einen Schaufler oder einen Rothirsch schießen möchten. Auf Kahlwild und Sauen führen wir nicht, da wegen der besonderen Sicherheitsverhältnisse auf einem Schieß- und Übungsplatz nur mit einem engen Kreis von Jagdhelfern, die die örtlichen Verhältnisse genau kennen, effektiv gejagt werden kann. Da die

Bundesforsten zumeist auf militärisch genutzten Liegenschaften angesiedelt sind, geht ein bestimmtes Kontingent der Abschüsse an Jägerkameradschaften der Bundeswehr, die wiederum die Freigaben verlosen. So sind dann die uniformierten wie auch die zivilen Gastjäger von unterschiedlichster Herkunft, jagdlicher Erziehung und Erfahrung. Eine Führung eines so bunt gemischten Völkchens kann reizvoll und interessant, zuweilen aber auch anstrengend und quälend sein.

Je mehr ich mit den unterschiedlichsten Menschen gejagt habe, um so mehr bin ich zu der Überzeugung gelangt, daß die Jäger aus den verschiedensten Motiven heraus jagen. Vom wilden Schießer bis zum träumerischen Naturliebhaber, vom Draufgänger bis zum ‚Hasenfuß', vom weitgereisten Weltenbummler bis zum bescheidenen Anfänger reicht da die Palette. Doch charakterliche Vielfalt, Geist und Besinnung sind bei den Jägern sicher nicht anders verteilt als bei anderen Interessen- und Berufsgruppen. Ein paar Begebenheiten möchte ich nachfolgend schildern, die mir im Gedächtnis haften geblieben sind.

Gerade unter den Hirschgästen gibt es viele, die noch nie ein Stück Rotwild erlegt, oft noch nicht einmal eins in freier Wildbahn gesehen haben. Das führt gelegentlich zu komischen Situationen. Da meldete sich vor einigen Jahren ein junger Offizier bei uns, der einen Rothirsch schießen sollte. Am Telefon frug er den Büroleiter, ob er zweckmäßigerweise zum Morgen- oder zum Abendansitz kommen sollte. – Nun kann es uns völlig egal sein, ob ein Gast seine erste Führung an einem Morgen oder Abend nimmt, denn acht Führungen stehen ihm insgesamt zu. Dem im Umgang mit Jagdgästen nicht unerfahrenen Beamten kam die Fragestellung jedoch etwas ungewöhnlich vor, und nun wollte er wissen, was es damit auf sich hatte. Ja, sagte da der brave Soldat, er gehe davon aus, daß man in einem Rotwildrevier wie dem Forstamt Siebensteinhäuser einen Rothirsch bei der ersten Pürsch erlegen könne, und da sollte man ihm bitteschön sagen, ob ein Hirsch an einem Morgen oder einem Abend leichter zu bekommen wäre.

Ein anderer Jäger, ebenfalls Soldat und ohne Rotwilderfahrung, klingelte eines Tages in der Brunft an unserer Tür. Er hatte im wortwörtlichen Sinne das große Los gezogen und einen Ia-Hirsch frei. Also einen Erntehirsch ohne Gewichtsbegrenzung. Ich wies ihn einem erfahrenen Revierbeamten im Süden des Reviers zu. Der erste Ansitz auf einer offenen Kanzel in übersichtlichem Gelände spielte sich wie folgt ab: Der führende Oberförster erklärte dem Fremden, daß hier im Moor ein alter, starker Kronenhirsch seine Fährte zöge. Würde der Hirsch bei gutem Büchsenlicht kommen, dürfte es keine Schwierigkeit machen, ihn zu erlegen. Der Gast hatte verstanden. Teilnahmslos saß er auf der Hochsitzbank und starrte in die Weite der mit Heide und Pfeiffengras bewachsenen Moorlandschaft. Nach etwa einer halben Stunde trat aus dem angrenzenden Erlenbestand ein roter Hirsch aus. Der Beamte stieß seinen Nachbarn sanft in die Rippen und nahm sein Fernglas vor die Augen. Auch der Gast riskierte einen Blick durchs Glas.

Ein junger Achter war es, der da vor den beiden äste. Vom zweiten, vielleicht auch dritten Kopf. Der Förster wollte seine Beobachtung gerade seinem Nebenmann mitteilen, als dieser plötzlich und laut die Frage stellte: „Ist der das?" Gemeint war der Ia-Hirsch, und dem Oberförster wäre vor Schreck sicher das Fernglas auf den Hochsitzboden gefallen, wäre es nicht mit einem Tragegurt an seinem Hals befestigt gewesen. Der Erntehirsch, den der Gast dann ein paar Tage später schoß, war begreiflicherweise eine Nummer kleiner als gewöhnlich ausgefallen.

Im selben Jahr erschien bei mir im Büro ein älterer Jagdgast, um sich vorzustellen. Er hatte bereits eine Pürsch auf den freigegebenen Abschußhirsch hinter sich und war begeistert über die Art, wie ihn der junge Beamte geführt hatte. Ob er denn auch Rotwild gesehen habe, wollte ich wissen. „Aber sicher", sprudelte es aus ihm heraus, „und es waren auch einige schwarze Stücke darunter!" Nun gibt es bei uns gelegentlich schwarzes Rehwild, auch schwarzes Damwild ist häufig, aber von schwarzem Rotwild hatte ich noch nichts gehört. Also wird er wohl ein Rudel Damwild mit einigen schwarzen Stücken gesehen haben. Statt ihn aufzuklären, wie das sich gehört hätte, sagte ich nur: „Na, da haben Sie aber einen besonders seltenen Anblick gehabt!" und entließ ihn mit einem herzlichen Waidmannsheil.

Nicht alle Gäste sind immer mit der Art, wie sie geführt werden, einverstanden, was bei den führenden Beamten besonderen Verdruß hervorruft. Wissen sie doch am besten, wie man an einen bestimmten Hirsch herankommt. Ein besonders rotwilderfahrener und passionierter Beamter hatte es eines Tages mit einem Hauptmann der Bundeswehr zu tun, der einen Brunfthirsch schießen sollte. Mag sein, daß sich die beiden von Anfang an nicht riechen konnten. Bei Hunden soll es so etwas geben, aber auch bei Menschen. Am ersten Abend saßen die beiden an einer langgestreckten Wildwiese an. Der von dem Förster seit langem bestätigte Hirsch erschien jedoch nicht. Am nächsten Morgen versuchte es der Beamte an einer anderen Stelle. Weit in der Heide draußen schrieen mehrere Hirsche, und nun kam es darauf an, an geeigneter Stelle im Wald auf das einwechselnde Wild zu passen. Es kam auch ein Rudel mit einem guten Kronenhirsch, ein Abschußhirsch ließ sich jedoch nicht blicken.

Ohne viel miteinander zu reden, fuhren die beiden Jäger zum Forsthaus. Man verabredete sich für den nächsten Abend. Der Förster schlug vor, wieder an der Äsungsfläche anzusitzen und, falls es nicht klappte, am Morgen erneut die Heide zu kontrollieren. Doch damit war der Herr Hauptmann gar nicht einverstanden: „Wenn Sie weiter nach diesem Strickmuster verfahren“, sagte er vorwurfsvoll, „werde ich wohl nie zu einem Hirsch kommen!“ – Eisiges Schweigen beherrschte die künftigen Pürschgänge. Ich konnte das Gespann nicht trennen, da alle anderen Förster auch ihren Jagdgast hatten. Der Hauptmann schoß dann schließlich einen ungeraden Kronenhirsch, zwar nicht alt genug, aber der Beamte war ihn los.

Eine andere Geschichte mit einem eigensinnigen Abschußteilnehmer hat uns lange amüsiert. Ein leitender Angestellter einer multinationalen Behörde kam auf einen Ia-Hirsch. Sei es, daß er gewöhnt war, Befehle zu erteilen, sei es, daß er immer das machen mußte, was seine Vorgesetzten von ihm verlangten – im nachhinein neige ich zu letzterem –, kurzum, er wollte auf der Jagd partout immer das Gegenteil von dem tun, was der führende Beamte vorschlug. Wollte der Förster auf einen Hochsitz, so wollte Herr C. pürschen, und wollte der Führer einem bestimmten Hirsch folgen, so wollte der Gast erst einmal alle zu vernehmenden Stimmen orten und die Hirsche aus der Ferne auf ihr Alter ansprechen. Es war zum Verzweifeln!

Eines Morgens gerieten die beiden in einen Bruchwald. Ein Hirsch schrie im Erlenwald. Eine gute Stimme, der zu folgen sich sicher gelohnt hätte. Einen Pürschpfad gab es durch das bruchige Gelände nicht, und bei jedem Schritt sanken die beiden tief in den morastigen Untergrund ein. Der Förster riet, die Pürsch abzubrechen, dies um so mehr, als sie plötzlich vor einem schwarzen, Moorwasser führenden

Graben standen. „Da müssen wir durch", sagte Herr C., „der Graben scheint nicht tief zu sein". Nun haben es unsere Moorgräben so an sich, daß sie zwar flach aussehen, insbesondere dann, wenn sich noch eine dünne Sandschicht auf dem Grund abgesetzt hat, aber ihre Tükken haben sie schon. Förster A. ließ sich nicht dazu überreden, den Graben als erster zu überqueren. Der Gast jedoch, den schreienden Hirsch im Kopf, schritt zur Tat. Kaum hatte er seinen Gummistiefel dem kühlen Naß anvertraut, sank er auch schon bis zu den Hüften in die dunkle Brühe. Anstatt nun auf das diesseitige Ufer zurückzukehren, hangelte er sich auf der gegenüberliegenden Seite aufs Trockene und schimpfte fürchterlich. Da er nun einmal naß war und seine jagdlichen Aktivitäten wieder aufnehmen wollte, forderte er den Beamten auf, ihm zu folgen. Der dachte jedoch im Traum nicht daran, ein solches Opfer zu bringen, und so blieb nach langem hin und her dem hochmütigen Gast nichts anderes übrig, als erneut ins Wasser zu steigen und an den Ausgangspunkt seines Eigenritts zurückzukehren.

Mit grimmigen Mienen saßen die beiden dann kurze Zeit später in meinem Büro und baten um Trennung. In diesem Falle blieb mir nichts anderes übrig, als den Gast einem anderen Beamten zuzuweisen. Dieser war der schon ältere, stets ruhige und freundliche Forstamtmann G. Er hatte natürlich von der Vorgeschichte gehört und von mir Weisung, sich von dem eigenwilligen Herrn nicht aus der Fassung bringen zu lassen. In der Schießbahn 3 hatten wir zuvor einen dünnstangigen Zwölfer bestätigt, und den sollte Herr C. schießen. Da es dort keinen Hochsitz gab, sollten die beiden auf der Erde hinter einem kleinen Erdwall ansitzen. So konnten wir der Abneigung des Herrn C. gegenüber jagdlichen Einrichtungen entgegenkommen. Der Abend war kühl und regnerisch. Förster G. und sein Schutzbefohlener hatten bald den Ansitzplatz erreicht. G. holte sein aufblasbares Luftkissen aus seiner Tasche und machte es sich bequem. Er sagte seinem Gegenüber, er solle das gleiche tun, er hätte doch sicher auch so ein Kissen bei sich. Das hatte er natürlich nicht, und so mußte er den ganzen Abend auf der blanken, kalten Erde verbringen, was seinen Hämorrhoiden sicher nicht dienlich war. Den dünnstangigen Zwölfender schoß er dann am nächsten Tag und freute sich ehrlich.

Nicht jeder, der das ‚Grüne Abitur', wie die Jägerprüfung scherzhaft genannt wird, bestanden hat, kann auf Anhieb ein perfekter Jäger sein. Und er kann auch längst nicht alles das wissen, was von ihm heutzutage an ökologischem Wissen abverlangt wird. Aber eine gewisse Grundlage sollte doch vorhanden sein. In unserem Landkreis gibt sich die Jägerprüfungs-Kommission viel Mühe, um das Examen wirklichkeitsnah zu gestalten. So hat der Prüfling, verbunden mit der schriftlichen Prüfung, eine Reihe von Präparaten zu bestimmen, die fein säuberlich als ‚kaltes Buffet' aufgebaut sind. Da liegen dann präparierte Vögel und Kleinsäuger, allerlei Insekten, Zweige von Bäumen und Sträuchern, Pflanzen, Trophäen aller Art und so weiter. Einige aus dem Rahmen fallende Antworten möchte ich hier einmal zitieren, werfen sie doch ein bezeichnendes Licht auf den Biologie-Unterricht unserer Tage: Also, ein Waldveilchen wurde als Enzian angesprochen, ein Buschwindröschen als Edelweiß. Den Maikäfer beschrieb einer als Kartoffelkäfer, und die Fuchshaken waren für ihn Grandeln. Ein Hühnergalgen war für eine angehende Jägerin ein Schweißriemen und das Nest einer Drossel ein Kuckucksnest! Eine Bekassine sollte ein Kukkuck sein, ein kompletter Schädel eines Muffelwidders wurde einem Gamsbock bzw. einem Steinbock zugeordnet. Man könnte diese Aufzählung beliebig fortsetzen, doch mag es damit genug sein.

Solche Antworten stimmen den Prüfer eher traurig als daß sie ihn belustigen. Trotzdem kann man über manche Antworten bei der Jägerprüfung herzhaft lachen. So saß eines Tages eine junge Dame vor dem Prüfungs-Ausschuß. Schick in grüne Loden gehüllt, aber reichlich nervös und aufgeregt. Die Sprache kam auf das Rotwild, die Rudelbildung und das Brunftverhalten. Der Prüfer wollte wissen, wie man den starken Hirsch nennt, der während der Brunft beim Rudel steht. Alle möglichen Bezeichnungen gab das Nervenbündel von sich, nur der gesuchte Ausdruck „Platzhirsch" wollte nicht fallen. Da hatte endlich einer der Beisitzer, ein nicht gerade schmächtiger Landwirt, Erbarmen. Bei weiblichen Prüflingen, noch dazu, wenn sie jung und hübsch waren, hatte er schon immer ein größeres Maß an Milde und Wohlwollen gezeigt als gegenüber seinen Geschlechtsgenossen. Kurzum, er hob seine mächtigen Arme in die Höhe, senkte seinen Kopf und schaukelte wie ein behäbig daherziehender Althirsch mit seinem Oberkörper über seinem Prüfungstisch. Der Prüfer bemerkte dies und sagte zu der amüsiert dreinschauenden, angehenden Jungjägerin: „Nun, Fräulein Dralle, der Herr A. gibt sich doch alle Mühe, Ihnen etwas klarzumachen, was ist denn das?“ Die Antwort kam prompt und zur Überraschung aller: „Ein kräftiger Mann!“ Damit war das Thema Platzhirsch erledigt.

Kehren wir wieder zu den Jagdgästen zurück: Ein Jäger, die Fünfundsechzig sicher bereits überschritten, hatte von seiner Frau den Abschuß eines Hirsche geschenkt bekommen. Vielleicht hatte sie bei ihm etwas gutzumachen, wer weiß! Sein Auftreten im Forstamt beeindruckte durch vornehm-artiges Benehmen. Englisch gekleidet, ein Gentleman der alten Schule. Selbst das Monokel fehlte nicht. Auf der Ansitzleiter zeigte er sich dann leider weniger souverän. Die Brunft war noch in vollem Gange, und auf der Waldwiese stritten lauthals zwei Hirsche um das Rudel. So richtig kämpfen wollten sie nicht mehr, dazu waren sie schon zu stark abgebrunftet, aber so einige Schritte nebeneinander hergehen, das mochten sie noch. Der führende Beamte tat sich schwer, welchen der beiden er zum Abschuß freigeben sollte. Er kannte sie beide schon länger, und ihre Abwürfe hatte er an der Fütterung gefunden. Der eine war ein mittelalter Eissprossenzehner, der andere ein ungerader Kronenzehner, nur ein, zwei Jahre älter. Schließlich entschloß er sich für den letzteren. Dem alten Herrn auf der Leiter fiel es sichtlich schwer, die beiden Geweihten zu unterscheiden und den richtigen ins Zielfernrohr zu bekommen. Endlich zog der Kronenzehner näher, und der Förster zischte: „Schießen!“ Der Gast tat wie ihm befohlen und drückte ab. Doch kaum war der Schuß verhallt, da fing er an zu jammern: „Den Hirsch habe ich glatt vorbeigeschossen, da war ja alles grau im Zielfernrohr, der ist ja gesund abgesprungen!“

Der Förster war da anderer Meinung. Er hatte nach dem Schuß, nachdem er zuvor den Gewehrlauf in Richtung des dem Tode geweihten Hirsches gelenkt hatte, deutlich im Schuß ein Zeichnen des Zehners gesehen. Er folgte dem abspringenden Hirsch mit dem Glase und merkte sich sehr genau die Stelle, an der er in den angrenzenden Hochwald geflüchtet war. Für eine sofortige Nachsuche reichte das Licht nicht mehr aus. Dazu hätte man auch noch einen Hund holen müssen, und nur so einige Schritte der vermeintlichen Wundfährte zu folgen, hielt der erfahrene Beamte auch nicht für angebracht. So brachte er seinen Gast ins Quartier, wünschte ihm eine gute Nacht und versprach ihm, ihn in der Frühe zur Nachsuche abzuholen.

Zu Hause rief er seinen Nachbarkollegen an und bat ihn, mit Cilla, der guten Schweißhündin, die Nachsuche durchzuführen. Doch dann ließ ihm der Hirsch und der ungewisse Schuß keine Ruhe. Vielleicht lag der Hirsch längst verendet im Wald und würde über Nacht verhitzen. Der Wildhändler ist ja nach den neuesten gesetzlichen Bestimmungen mehr als empfindlich und verwirft jedes Stück, das über Nacht gelegen hat. So nahm er sich nach dem Abendbrot eine starke Taschenlampe und fuhr in der Dunkelheit hinaus ins Revier.

Die Stelle, an der der Hirsch im Hochwald verschwunden war, fand er bald. Und nach langem Suchen auch ein paar Tropfen Schweiß. Doch die anfängliche Hoffnung, daß der Hirsch nicht mehr weitgegangen sein könnte, erfüllte sich nicht. Schweiß lag zwar hier und da, aber blasiger Lungenschweiß war es nicht. So verbrach er schließlich den Einwechsel und setzte alle Erwartungen in die gute Nase der Schweißhündin.

Kaum war der helle Morgen heraufgezogen, waren die vier Akteure zur Stelle, der Gast und sein Führer, der Schweißhund und dessen Führer. Der Schütze sollte am Einwechsel warten, helfen konnte er ja ohnehin nicht. Er gab nur seiner Verwunderung lauthals Ausdruck, warum ausgerechnet an dieser Stelle hier die Nachsuche beginnen sollte, wo er doch den beschossenen Hirsch in eine ganz andere Richtung habe abspringen sehen. Doch für solche Wortwechsel war nun wahrlich keine Zeit mehr, und die beiden Beamten machten sich an ihr Werk. Die Hündin nahm die Schweißfährte freudig an und führte die Männer in des Waldes Inneres. Schon nach drei-, vierhundert Metern sahen sie den Hirsch im Wundbett sitzen. Der Hund wurde geschnallt, und nach kurzer Hetze gab der Hundeführer, wie es sich gehört, den Fangschuß. Der erste Schuß saß tief und ließ sich am besten mit hoher Laufschuß/tiefer Brustkernschuß beschreiben.

Hocherfreut suchten die beiden Forstleute den ungeduldig wartenden Schützen auf und beglückwünschten ihn zu seinem Waidmannsheil. Der jedoch zeigte sich von der ganzen Aktion wenig angetan. „Warum", so frug er die beiden Förster böse, „sind Sie in den Wald gegangen und haben für mich einen Hirsch geschossen. Das mag einem alten Jäger wie ich es bin recht nobel gegenüber sein, aber meinen Hirsch hätte ich lieber doch selbst erlegt." Den Beamten verschlug es die Sprache. Sie brauchten einige Zeit und passende Worte, um dem verstörten Gast einiges über die Wirkung von Kugelschüssen, Pürschzeichen, Nachsuchen und Waidgerechtigkeit klarzumachen. Schließlich nahm der Herr den dargereichten Schützenbruch entgegen. Der führende Beamte ist jedoch noch heute davon überzeugt, daß der Erleger an der wundersamen Wirkung seines vermeintlichen Fehlschusses immer noch zweifelt.

Nicht jeder Gast, der nicht zu Schuß gekommen ist, trägt sein Geschick mit Fassung. So hatte ein junger Stabsoffizier eine Woche bei uns vergeblich auf einen Damschaufler gewaidwerkt. Da er von weither angereist war, hatte ich ihm am letzten Tag seines Aufenthaltes einen geringen Rothirsch freigegeben, den er auch prompt schoß. Doch das war dem Herrn nicht genug. In einem bösen Brief schrieb er seiner vorgesetzten Dienststelle von seinem Mißerfolg und drängte auf „Wiedergutmachung". Das Schreiben gelangte auf dem Dienstweg schließlich zu dem Kommandanten unseres Übungsplatzes, der mit der Vergabe von Abschüssen eigentlich nichts zu tun hat. Da der damalige Kommandant jedoch auch Jäger war, ließ er sich die Gelegenheit nicht entgehen, dem jüngeren Kollegen einmal gründlich die Leviten zu lesen.

In seinem Antwortschreiben führte er unter anderem aus: „Sie mußten wissen, daß Ihnen mit der Zuweisung eines Abschusses lediglich die Möglichkeit zur Jagd eingeräumt wurde, nicht jedoch die Garantie auf Erwerb einer Trophäe. Insofern ist der Forstverwaltung kein Vorwurf zu machen. Diese hat nie versprochen, daß das zugewiesene Stück an einem bestimmten Platz und zu einer bestimmten Zeit sich zum Abschuß durch einen Bundeswehrjäger bereithält. – Wenn Sie ein so erfahrener Jäger sind, wie Sie es in Ihrem Brief beschreiben, müßten Sie wissen, daß Sie die weite Fahrt vielleicht umsonst antreten. Als Stabsoffizier hätten Sie durchaus bei richtiger ‚Beurteilung der Lage mit Entschluß' zu dem Ergebnis kommen müssen, wegen des hohen Risikos und des unausgewogenen Kosten-/Nutzenverhältnisses die weite Reise erst gar nicht anzutreten. Es ist ausgesprochen gut, daß auch auf dem Truppenübungsplatz B. das Wild nicht zum Abschuß bereitsteht, sondern daß die waidmännische Jagd mit allen Risiken immer noch im Vordergrund steht." So locker hätte das Forstamt auf einen Beschwerdebrief nicht antworten können.

Daß man bei der Führung von Jagdgästen auch dazulernen kann, erfuhr ich erst wieder im vergangenen Jahr. Ein alter Freund, schon über die Siebzig, kann es sich nicht verkneifen, Jahr für Jahr noch einmal auf den Rehbock zu kommen. Das Gewehr führt er zwar noch sicher, aber mit der Sehkraft will es nicht mehr so recht klappen. Es war Ende Juli, und die Böcke trieben wie toll. Auch das Wetter konnte nicht schöner sein, als Karl am frühen Nachmittag bei mir eintraf. Was sollte ich mit ihm machen? Auf einen Hochsitz klettern und so lange warten, bis ein Bock auf günstige Schußentfernung herankam, oder mit dem Wagen durchs Revier fahren und vielleicht so eine gute Gelegenheit erhaschen. Ich entschied mich zu der Pürschfahrt. Denn ich wußte im Großen Moor einen Rehbock, der mir sehr standorttreu zu sein schien. Jedes Mal, wenn ich an der mit lockerem Birkenanflug überstellten Heidefläche vorbeikam, saß oder stand der Bock recht nahe am Weg und ließ sich durch das vorbeifahrende Fahrzeug nicht erschrecken. Ob es ihn jedoch auch während der Rehbrunft so in seinem Territorium hielt, das war die Frage.

Nach etwa halbstündiger Fahrt, während der wir einige, wenn auch junge Böcke gesehen hatten, erreichten wir die Feuchtheidefläche im Moor. Zu meiner großen Enttäuschung war der bevorzugte Aufenthaltsort des Bockes rehwildleer. Doch da, zur Rechten, da bewegte sich doch etwas Rotes: In der Tat, das waren zwei Stück Rehwild im Hochzeitsreigen. Der Bock, das sah ich alsbald, war der von mir gesuchte, unschwer an einem etwas verkürzten, leicht verfransten Lauscher zu erkennen. Bock und Ricke hielten sich in einem lichten Birkenbusch auf, und so war es für meinen alten Freund nicht leicht, das Rehwild zu erkennen. Ich ließ ihn aussteigen und auf dem Wagendach eine gute Auflage herzurichten, doch für einen Schuß war es einfach zu weit.

Der Bock trieb die Ricke nicht sonderlich heftig, und nach einer leichten Schleife blieb sie stehen. Der Bock bestieg sie, nun endlich hatte auch mein Begleiter beide erstmals richtig gesehen, denn Karl flüsterte mir zu: „Er beschlägt sie", und so, als habe ich ihn nicht verstanden, wiederholte er noch einmal: „Sieh doch, er beschlägt sie!" Doch mit dem einen Beschlag nicht genug, trieb der geringe Sechser die Geiß erneut und wieder, so schien es, kam es zum Beschlag. So ging das noch etwa eine Viertelstunde, Treiben, Aufreiten, Niedertun, bis schließlich die Ricke in unseren Wind kam und das Pärchen absprang.

Wir stiegen ins Auto und fuhren davon. Mein Plan war, nach etwa einer Stunde erneut die Moorfläche aufzusuchen, denn die beiden Stücke schienen nicht sonderlich beunruhigt, und in dieser Hochbrunftstimmung sollten sie sicher wieder auf ihren angestammten Platz finden. Was ich erhofft hatte, traf ein: Dieses Mal von Süden kommend, sah ich, kaum daß ich einen freien Blick auf die freie Heide hatte, das Pärchen. Und wieder das gleiche Bild: Der Bock trieb die Ricke, bestieg sie, hing, wie man so zu sagen pflegt, ‚wie ein nasser Sack' eine Weile auf ihr und glitt ermattet herunter. Nun erst ging mir ein Licht auf, und die Beobachtung wäre mir nicht vergönnt gewesen, hätten wir auf Anhieb den Bock geschossen: Der offensichtlich stark abgebrunftete Bock war zu einem richtigen Beschlag gar nicht mehr fähig und simulierte ihn sozusagen nur. Und die Ricke mußte notgedrungen das traurige Schauspiel über sich ergehen lassen. Zu allem Überfluß stand jetzt auch noch ein Schmalreh in unmittelbarer Nähe der beiden, und ich befürchtete schon, daß es auch vergeblich auf die Zuwendung ihres Auserwählten warten müßte. Zu erklären war das Ganze schon. Der etwa fünf- bis sechsjährige Bock zeigte ein ausgesprochen territoriales Verhalten und ließ sicher keinen Nebenbuhler in die Nähe seines Einstandes.

Da das Gelände offen und die Rehwilddichte dort nicht sonderlich hoch war, konnte es schon zu einer Überstrapazierung des Platzbockes kommen. Ich ließ ihn dann von meinem Freund auf kurze Entfernung schießen, denn wer so wenig in der Lage ist, für Nachwuchs zu sorgen, dessen Verbleiben in freier Wildbahn ist nicht mehr passend. Oder?

Oft machen die besonderen Umstände die Erlegung eines Stückes Wild zu einem unvergeßlichen Erlebnis. Ich hatte Besuch von Erhard und Ulrich, und beide sollten mir beim Kahlwildabschuß helfen. Beim ersten Abendansitz, glaube ich, hatte jeder ein Stück Rotwild geschossen. In der Abenddämmerung fuhren wir Richtung Forsthaus, als wir plötzlich unter einer masttragenden Eiche mehrere Stücke Damwild sahen. Das wäre kein Grund gewesen, auszusteigen und noch einmal die Büchse zu laden, aber in dem Rudel befand sich ein schneeweißes Stück, und ich dränge immer darauf, diese „Fehlfarben" möglichst rasch der Wildbahn zu entnehmen. Bei dieser Gelegenheit ein paar ernüchternde Worte zu dem Aberglauben, der sich um die Erlegung weißer Stücke rankt. Tod und Krankheit sollen dem gewiß sein, der einen alten Hirsch oder Gams schießt. Da ich von dem Aberglauben auf der Jagd überhaupt nichts halte, denke ich mir auch nichts beim Abschuß eines weißen Stückes Damwild. Ich gehe ja auch nicht mit einer ungeraden Zahl an Patronen zur Jagd, lasse weder eine Jungfrau über mein Gewehr vor der Treibjagd springen noch gehe ich nach Hause, wenn mir eine alte Frau begegnet. Wir verbrennen doch auch keine Hexen mehr!

Ulrich ward auserwählt, das Rudel anzupürschen und das weiße Schmaltier zu schießen. Auf den Schuß hin sprang es mit dem übrigen Wild ab, aber es war deutlich zu sehen, daß es die Kugel waidewund hatte. Nun galt es, die Nachsuche bald zu beginnen, denn erstens brach die Nacht herein, und, was noch viel bedrohlicher war, die Bundeswehr würde in knapp einer Stunde mit dem Scharfschießen beginnen. Ein Umstand, der uns oft zu Hektik und Eile bei der Jagd auf den militärisch genutzten Flächen treibt und von dem sich Außenstehende oft kein Bild machen können.

Glücklicherweise hatte ich meine Schweißhündin Conny dabei, und es dauerte nicht lange, da stellte sie das Stück. Dieses jedoch ausgerechnet in einem dichten Ginsterhorst, so daß es nicht möglich war, einen Fangschuß zu geben, ohne den Hund zu gefährden. Eine Pistole hätte man bei sich haben müssen! Nun war guter Rat teuer. Aus dem Dunkel des hüft- bis brusthohen Ginsters leuchtete die weiße Decke des kranken Stückes hervor, doch der Standort des ständig verbellenden Hundes war selten auszumachen. Da faßte sich Erhard ein Herz und versuchte, mit dem langen Waidmesser das Stück abzufangen. Doch gerade wollte er zu dem entscheidenden Hieb ausholen, da müdete er das Schmaltier auf, und nach wenigen Fluchten wiederholte sich das Bild. Doch Erhard gab nicht auf. Von hinten schlich er sich an das niedergetane Stück, setzte zu einem gewaltigen Sprung an und warf sich mit vollem Gewicht auf die überraschte und wehrlose Kreatur. Ein paar dumpfe Klagelaute, dann stach er mit dem Messer zu und das Drama hatte ein Ende. Das war noch richtige Jagd, wiederholte er später vor einer großen Zuhörerschar.

Mit Erhard hatte ich ein paar Jahre zuvor ein nicht ungefährliches Erlebnis. Wir waren mit dem Wagen zur Jagd aufgebrochen und wollten getrennt ansitzen. Für meinen Freund hatte ich eine offene Kanzel inmitten einer vergrasten, teilweise sumpfigen, mit einzelnen Weide-

Drei Generationen Schwarzwild in der Heide

Seltener Schnappschuß in freier Wildbahn: Rot-, Dam- und Schwarzwild

Rote Ricke, schwarzes Kitz – Farbvariation beim Rehwild

Nichts ist zahlenmäßig schwerer zu erfassen als ein Rehwildbestand

büschen bestockten Freifläche ausgewählt. Auf dem Weg dorthin, den Wagen hatten wir an der festen Straße stehengelassen, und ich begleitete Erhard ein kleines Stück, wurde plötzlich ein einzelnes Damtier vor uns hoch. Kein Kalb folgte, und so forderte ich meinen Begleiter auf, es zu schießen, wenn es einmal verhoffen sollte. Das tat es nach gut einhundert Schritten; stehend freihändig ging der Freund in Anschlag, und mit dem harten Knall der Büchse ging das Stück zu Boden. Das war schon mal ein guter Anfang. Erhard merkte sich die Stelle, wo das Stück zusammengebrochen war und eilte dem Hochsitz zu. Auf dem Rückweg wollte er das Stück aufbrechen und zur festen Straße ziehen.

Doch es kam anders als geplant. Nachdem er in der folgenden Stunde von dem Hochsitz aus kein Wild mehr in Anblick bekam und es langsam dämmrig wurde, baumte er ab, um das Damtier zu versorgen. Wie groß mag der Schreck gewesen sein, als er das Tier endlich gefunden hatte und nach ihm greifen wollte, als dieses plötzlich aufsprang und mit ungelenken Fluchten davonbrach. Erhard mit der Büchse hinterher, und als das Tier wieder verhoffte, warf es das schwere Geschoß der 8 × 68 endgültig ins Gras. Das Aufbrechen nahm eine Weile in Anspruch, und als der Freund das Wild Richtung Straße ziehen wollte, war es fast dunkel geworden. Er zog und zog, der Schweiß rann ihm aus allen Poren, doch die Teerstraße wollte nicht kommen. So ließ er das Stück zurück und machte sich ohne Beute auf den Weg. Er hätte nur immer in westlicher Richtung laufen müssen, doch offensichtlich irren Menschen, die sich verlaufen haben, immer im Kreis herum.

Zur verabredeten Zeit stand ich an der Stelle, an der Erhard aus dem Wagen gestiegen war, und hielt vergeblich nach dem Freund Ausschau. Ich schrie, pfiff und leuchtete mit der Stablampe fast bis zum Hochsitz, doch erhielt keine Antwort. Sollte der Freund schon einige Schritte die Straße entlanggelaufen sein? Ich fuhr sie auf und ab, kein Mensch zu sehen. Nun wurde mir doch allmählich mulmig, denn in nicht ganz einer Stunde würden die Panzer mit dem Scharfschießen beginnen, und dann ist die Luft bleihaltig. Wir Forstleute hatten zu jener Zeit noch keine Funkgeräte, und so überlegte ich, ob ich zur Kommandantur fahren und das Nachtschießen stoppen lassen oder weiter auf Erhard warten sollte. Ich blieb. Angespannt blickte ich in die Finsternis und hoffte auf ein Lebenszeichen des Verirrten, denn das ihm Schlimmeres passiert sein könnte, daran wollte ich nicht glauben.

Endlich in der Nähe der Kanzel ein kleines Licht. Der Schein einer Taschenlampe näherte sich, ich gab mit den Autoscheinwerfern Antwort. Bald war Erhard bei mir, kaputt und naßgeschwitzt. „Ein Glück, daß du mich hier gefunden hast", sagte er, „ich habe mich verlaufen und müßte eigentlich bald an der Übungsplatzgrenze sein. Hoffte immer, auf einen festen Weg zu kommen, habe aber noch keinen angetroffen. Sag einmal", und da konnte ich ein Lachen kaum noch unterdrücken – „wieviel Hochsitze dieser Bauart hast du eigentlich in deinem Revier? An mindestens dreien bin ich vorbeigekommen." „Lieber Freund", konnte ich da nur sagen, „dieser Hochsitz ist ein einmaliges Stück; auch wenn du deren drei gesehen zu haben glaubst, so bist du immer an demselben vorbeigekommen und schön im Kreise gelaufen!" Mehr Zeit blieb uns nicht für weiteren Disput, noch eh die erste Panzergranate das Rohr verlassen hatte, waren wir auf sicherem Gebiet.

Kürzlich haben wir einen guten Jagdfreund begraben. Unserem Horst war es nicht vergönnt, den Ruhestand zu genießen, in den er sich erst ein Jahr zuvor begeben hatte. „Wenn du noch einmal ein Buch schreibst", hatte er bei einer Jagd zu mir gesagt, „mußt du unbedingt über die Sache mit meinem Überläufer berichten." Das will ich gern tun, und die Geschichte hat sich wie folgt zugetragen: Es muß im April gewesen sein, als wir draußen saßen, um geringe Sauen zu schießen. Am Fuchswäldchen war der Klee auf dem Feuerschutzstreifen schon ordentlich gewachsen, und da lassen sich die Überläufer am leichtesten erwischen. Horst saß auf dem Kiefernsitz, einer in eine astige Kiefer geschickt eingefügten Ansitzleiter und ließ seinen Blick über das weite Übungsgelände schweifen. Da kamen aus dem Erlenbruch die Sauen gezogen, zwei Bachen sollen es gewesen sein mit ihren Frischlingen und mehrere Überläufer.

Horst nahm einen geringen Kujel aufs Korn und ließ die Büchse sprechen. Die Sauen sprangen ab und nahmen den beschossenen Überläufer mit. Horst war sich seiner Sache ganz sicher und blieb auf der Leiter sitzen. Könnte ja sein, daß die Sauen wiederkommen oder eine andere Rotte dem jungen Klee zusprechen wollte.

Nachdem ich selbst an anderer Stelle einen schwachen Überläufer geschossen und im Wagen verstaut hatte, fuhr ich zum Kiefernsitz, um den Freund abzuholen. Seinen Schuß hatte ich gehört. Gemeinsam untersuchten wir den Anschuß; ich folgte der Fluchtfährte und traute meinen Augen nicht: Da lag doch tatsächlich eine Bache mit prallem Gesäuge und rührte sich nicht mehr! Der Schuß saß ziemlich weit vorn. „Mein lieber Horst, ich glaube, du mußt dir eine neue Brille zulegen!", war das einzige, was ich herausbrachte. Mir war nicht klar, wie das passieren konnte, kannte ich Horst doch seit Jahren und hatte ihn als ausgezeichneten Flinten- und Kugelschützen, aber auch als unbedingt zuverlässigen Jäger kennen- und schätzengelernt.

Der Freund konnte sich gar nicht beruhigen und schwor Stein und Bein, auf einen Überläufer abgekommen zu sein. Wir untersuchten das Gelände weiter, und siehe da, da lag doch unweit der Bache mit gezirkeltem Blattschuß der bewußte Überläufer. Wir haben lange gerätselt, wie es zu diesem Doppeltreffer gekommen sein mag, fanden jedoch keine Lösung. Mag sein, daß die Bache im Schuß hinter den Überläufer gezogen war, es kann aber auch sein, daß die Kugel an einem Stein abprallte und die abseits stehende Sau traf, wer will das noch rekonstruieren? Jedenfalls war es in den nächsten Tagen ein verteufelt Stück Arbeit, die verwaisten Frischlinge zu erlegen.

Mit den Doppeltreffern ist das ja immer so eine Sache. Bei einer Drückjagd schoß ich einmal einen geringen Rotspießer. Nach einer Flucht von etwa dreißig Metern brach er zusammen. Als ich zu dem Stück kam, lag unmittelbar neben ihm ein gleich starkes Schmaltier mit exakt dem gleichen Schuß. Die Stücke müssen deckungsgleich hintereinander gestanden haben, als ich den Spießer beschoß. Sollte ich mir deswegen Vorwürfe machen?

Etwas anders ging es bei einem Kollegen zu. In unserer Verwaltung wird alljährlich bundesweit ein Schießwettbewerb veranstaltet, an dem alle Forstbeamten teilzunehmen haben. Zwanzig Schuß müssen abgegeben werden, zehn mit der Büchse und zehn mit der Pistole, so daß maximal 200 Ringe erreicht werden können. In einem Jahr hatten wir einen jungen Kollegen im Amt, der gerade sein Abschlußexamen gemacht hatte und uns für besondere Einsätze zur Verfügung stand. Ein feiner Kerl, gescheit und fleißig, nur mit dem Schießen haperte es noch. Während meine jagdlich versierten Mitarbeiter leicht zwischen 180 und 190 Ringe schossen und damit manchen Preis errangen, schaffte der Neuling – man mag es gar nicht niederschreiben – nur ganze zehn Ringe. Das hielt mich jedoch nicht davon ab, ihm einen

IIIb-Hirsch freizugeben, denn jagdlich kann man die jungen Forstleute nicht früh genug genossen machen. Sonst werden sie eines Tages verklemmt und haben nur noch die Bäume im Kopf. In unserem Falle konnte eigentlich nichts schiefgehen, denn ein erfahrener Forstamtmann sollte den Jungjäger begleiten.

Nach mehreren Ansitzen war es dann endlich so weit, ein ungerader Sechser stand auf der „Hirschwiese" und konnte bedenkenlos aufs Korn genommen werden. Zur Ruhe ermahnt, holte der Förster tief Luft, berührte mit dem Zeigefinger den Abzug und drückte ab. „Hat ihn schon!", sagte der alte Herr, und nach einer angemessenen Zeit des Verweilens begab man sich zu dem gestreckten Hirsch. Der lag nicht weit vom Anschuß, die Kugel saß zwar etwas hinter dem Blatt, aber das wäre kein Grund gewesen, darüber zu berichten. Was die Sache so pikant machte, war die Tatsache, daß nur wenige Schritte hinter dem Sechser noch ein gutgetroffenes Alttier lag. Auch hier wußte von den beiden niemand zu sagen, wie es zu dem Doppeltreffer gekommen war. Erst nur zehn Ringe auf die Scheiben und dann mit einer Kugel gleich zwei Stück Rotwild, das sollte dem jungen Mann erst einmal einer nachmachen!

Von meinem Freund Horst muß ich noch eine weitere kleine Episode erzählen. Horst war nämlich nicht nur ein guter Jäger, sondern in seinem Beruf ein überaus erfolgreicher Bäckermeister. In einem niedersächsischen Forstamt hatte er längere Zeit einen festen Pürschbezirk und einen entgeltlichen Begehungsschein. Um der Sauen habhaft zu werden, kirrte Horst sie an, wie das die meisten Schwarzwildjäger tun. Der Bäckermeister nahm jedoch nicht Mais oder andere Feldfrüchte zur Hilfe, sondern Abfälle aus seiner großen Bäckerei. Teigreste, trokkenes Brot und Brötchen, Kuchenabfälle und was eine Backstube sonst noch so hergibt. Nun werden sicher beim Lesen dieser Zeilen einige Dogmatiker die Nase rümpfen und sagen, so was tut man doch nicht, das ist doch kein artgerechtes Futter, aber was soll's, die Sauen waren wie wild auf die Leckereien, und geschadet haben sie ihnen gewiß nicht. Jetzt, wo alles auf die Fütterung schimpft, würde man so etwas natürlich nicht mehr machen.

An einem stillen Sommerabend saß der Jäger Horst auf seiner Lieblingskanzel und hoffte, die Sauen würden seine süßen Gaben nicht verschmähen. Es trat jedoch ein anderer, nicht erwarteter Mitesser an den Gabentisch: Es war der schon betagte, weißhaarige Forstmeister des schönen Heideforstamtes, der die ausgelegten Bäckereien prüfte. Erst biß er in ein Kuchenstückchen, dann prüfte er die Festigkeit einzelner Brötchen und steckte sie verstohlen in seine weiten Hosentaschen. Der Mann konnte ja nicht ahnen, daß jemand auf dem Hochsitz saß, denn Horst hatte sich diskret in das Innere zurückgelehnt. Doch als der Grüne noch immer weiter in den Backwaren stocherte, konnte es sich mein Freund nicht verkneifen, mit tiefer Stimme vom Hochsitz herabzurufen: „Wenn Sie einmal frische Brötchen brauchen, Herr Forstmeister, dann sagen Sie mir bitte Bescheid, dann bring ich welche mit!" Hat da der Forstmeister B. einen Schreck bekommen.

Förster, die mit ihren Familien allein im Wald wohnen und wenig Kontakt zu anderen Menschen haben, können mitunter recht eigenwillig und schrullig werden. Ich kenne da einen, dem das Führen von Jagdgästen zu einer eisernen Pflicht wird. Der Gast muß zu Schuß gebracht werden, koste es, was es wolle; an Zeit, meine ich. Aber dieser Beamte hat eine besondere Gabe, sich in die Gedankenwelt unseres Hochwildes zu versetzen und wie ein Stück Wild zu denken. Wie das gehen soll? Zwei Beispiele: Ein Gast soll einen bestimmten Hirsch schießen, der längst genau angesprochen und dessen Gewohnheiten bekannt sind. Er zieht nachts aufs freie Feld und kehrt dann gegen Morgen wieder zu seinem Einstand mitsamt dem Brunftrudel zurück. Nun gibt es zwei Wechsel, auf denen das Rudel kommen kann. Der eine verläuft durch eine tiefergelegene Wiesensenke hin zu einem Fichtenstangenholz, der andere, etwas höher gelegen, führt in einen alten Eichenbestand.

Förster N. überlegt am Morgen, wo er wohl das Rudel abpassen soll, am Altholz oder in der Wiesensenke. Eigentlich behagt ihm der höher gelegene Wechsel mehr, aber dann entschließt er sich doch, mit dem Gast vor dem Fichtenstangenholz zu warten. Das Rudel kommt tatsächlich durch die Wiesensenke, der Hirsch hintendran, und mit sauberem Schuß fällt er in das taunasse Gras. Ich gratuliere wenig später dem Gast und seinem Führer und frage diesen, weshalb er gerade dort angesessen hat. Seine Antwort: „Das war doch ganz einfach. Das Leittier wollte ja eigentlich oben in die Eichen einziehen, aber dann dachte es, da sitzt ja der Förster N. mit seinem Gast, da ziehen wir lieber unten durch die Wiese, und so ist es dann passiert!"

Ein anderes Mal saß er mit seinem Gast auf der Kanzel an der Hirschweide an. Nichts tat sich auf der Fläche. Aber auf einer gar nicht so weit entfernten, anderen Wildäsungsfläche schrie ein Hirsch aus Leibeskräften. „Lassen Sie uns doch den Hirsch angehen", bat der Gast, doch der Beamte schüttelte nur seinen Kopf und sagte, „Abwarten!" Der Hirsch schrie weiter, aber, und das schien die Hartnäckigkeit des alten Rotwildjägers zu bestätigen, die Stimme kam näher und näher, und mit einem Mal stand der Hirsch am Rande der Hirschweide und hielt nach Kahlwild Ausschau. Es war ein älterer Eissprossenzehner, der so recht zum Abschuß paßte, und kurze Zeit später hatte er sein Leben verwirkt.

Als mir Förster N. die Geschichte erzählte, frug ich ihn, weshalb er so sicher war, daß der Hirsch unter ihren Hochsitz ziehen würde. Da schmunzelte der Alte und ganz überzeugt sagte er: „Der Hirsch schrie doch auf der Nachbarfläche, und weil er dort offensichtlich auch kein Kahlwild angetroffen hatte, wird er sich gesagt haben: Nun bist du schon einmal auf den Läufen, dann geh doch auch mal bei der Hirschweide vorbei und sieh dort mal nach dem Rechten, und das war dann sein Verderben!"

Wie schön, wenn es noch solche Originale gibt!

Ins Badische der Böcke wegen

Eine halbe Autostunde nördlich von Bruchsal hat mein Freund Norbert eine reizvolle Niederwildjagd gepachtet. Felder und Wiesen, Weinberge und Laubwälder wechseln miteinander ab. Ein idealer Lebensraum für Niederwild aller Art, sollte man meinen. Das war er auch. Was habe ich dort noch in den siebziger Jahren für interessante Treibjagden mitgemacht, schoß aus dem Bukett aufstehender Fasanen manche Dublette und den über die blanke Feldflur flüchtenden Hasen. Doch dann ging es plötzlich mit den Fasanen bergab, und dann kam es ebenso bei den Rebhühnern und Hasen, ohne daß man einschneidende Veränderungen in der Landschaft entdecken konnte. So wurde schließlich das Rehwild zur Hauptwildart des Reviers.

Die Gründe für den Rückgang des Niederwildes mögen vielfältiger Natur sein. Die Intensivierung der Landwirtschaft mit all ihren unbedachten negativen Begleiterscheinungen mag die Hauptschuld tragen. Aber ein anderer Faktor, der meines Erachtens bislang viel zu wenig beachtet wurde, ist – auch in dem großstadtfernen Revier – der Freizeitanspruch der Menschen. Alle Freizeitaktivitäten sind nun einmal mit einer Veränderung und Beeinflussung der Natur verbunden, ob es die einzelnen Interessengruppen wahrhaben wollen oder nicht. Immer mehr Freizeit für den arbeitenden Menschen, steigendes Einkommen, hohe Motorisierung, das Credo der Jugendlichkeit und Leistungsbereitschaft, das ist der Stoff, der Landschaft oft nur als Hintergrund braucht, aber immer stärker in die Restnatur eingreift. Und so joggen, reiten und radfahren die Menschen ins Revier, machen Ausflüge, bauen Grill- und Golfplätze und sind immer auf der Suche nach weiteren Betätigungsfeldern abseits vom Alltagsstreß.

Was lag also für meinen Freund näher, als sich verstärkt der Hege des Rehwildes zu widmen? Gute Böcke gab es auf den lehmigen, nährstoffreichen Böden des Kraichtales schon immer. Fütterte man sie aber in der äsungsarmen Zeit noch zusätzlich mit artgerechtem Futter, so konnte man schon die Körper- und Gehörnqualität des Rehwildes verbessern. Gehörngewichte von dreihundert oder vierhundert Gramm waren fortan nicht mehr die Ausnahme. Ich verstehe wirklich nicht, wie man ernsthaft etwas gegen eine sachgerechte Fütterung des Rehwildes einwenden kann, die die Äsungslücken, bedingt durch moderne Landwirtschaft, ausgleicht. Diese Fütterung schadet niemandem, verhilft jedoch dem Wild zu einer besseren körperlichen Verfassung, macht also wieder etwas gut, was der Mensch durch sein wirtschaftliches Handeln den Wildtieren genommen hat... und sie bewahrt den Wald vor überhöhten Verbißschäden! Die sich aus einer regelmäßigen Fütterung eventuell ergebenden erhöhten Zuwächse kann der Jäger in einem so überschaubaren Revier leicht durch verstärkten Abschuß auffangen.

„Haben Sie schon Ihren Forstschutzbeitrag geleistet?", fragen heutzutage wildfeindliche Forstleute, wenn sie einander begegnen und wissen wollen, ob der andere schon ein Stück Wild geschossen hat. Als der Freund mich zu einem Rehbockabschuß einlud, mußte ich an diesen dummen Spruch denken. Einen Bock wollte ich schon gern schießen, weil ich wußte, daß es mir Freude machen würde, in der lieblichen, hügeligen Landschaft zu pürschen. In die Rolle eines behördlich beauftragten Wildtöters, der den Auftrag der Abschußplanerfüllung zu erfüllen hat, würde ich mich jedoch nur ungern drängen lassen. Vielleicht gehöre ich mit solcher Einstellung schon zu den Ewiggestrigen, die die Zeichen der Zeit noch nicht richtig erkannt haben. Jagd, so sagen die Funktionäre, findet ihre Begründung und Rechtfertigung nicht mehr in der Freude am Waidwerk und auch nicht im Naturerlebnis; die Parole lautet vielmehr: Jagd ist ökosystemgerechtes Handeln! Die Wildstandsregulierung hat sich an umwelt- und biotopgerechten Erfordernissen zu orientieren. Also Schalenwildabschuß immer dort, wo nötig, und Niederwildernte nur dort, wo unbedenklich. Doch weil die einfachen Jäger solch hochtrabenden Worte nicht verstehen, und die anderen keine Zeit haben, um darüber nachzudenken und folglich so tun, als hätten sie es verstanden, gehen die meisten Jäger nach wie vor frohen Herzens zur Jagd. Unbelastet von den Diskussionen um den Fortbestand der Jagd, überdrüssig der ständigen Rechtfertigung ihres Tuns.

Also, einen starken Bock sollte ich im Gemeindewald schießen, und ich sagte dem Freund ohne wenn und aber begeistert zu. Ende Mai war es dann soweit. Anstrengende Fahrt über die volle Autobahn, Wochenendverkehr. Wir alle kennen das ja zur Genüge. Endlich ist Frankfurt in Sicht. Unter den auf dem Großflughafen startenden und landenden Maschinen hinweg geht die Fahrt weiter Richtung Süden. Bald grüßen zur Linken die bewaldeten Höhenzüge des Kraichgaues mit ihren Schlössern und Burgen. Nun ist es nur noch ein Katzensprung in das Jagdgebiet, in dessen Mitte auf einer Anhöhe das Haus des Jagdherren liegt.

Gleich am ersten Abend gehen wir auf Pürsch, nicht weit vom Jagdhaus entfernt. Die Laubholzbestände mit ihrem unterschiedlichen Unter- und Zwischenstand gewähren nur wenig Einblick in ihr Innerstes. Ganz anders ist hier das Pürschen als in der offenen Heide. Schritt für Schritt schnüren wir den Waldweg entlang und verhoffen bei jeder Bestandeslücke. Da, unter einer tiefbeasteten Buche ein roter Fleck. Rehbock? Ein Gabler ist es, der sich auf der Laubstreu niedergetan hat. Beide schätzen wir den Bock als nicht übermäßig alt ein, aber ein Jährling ist es gewiß nicht. Stark sind die Rosen und die etwas gedrehten Stangen; rechts ein kurzes Gabelende nach hinten, links ein kurzer Augsproß.

„Das ist zwar nicht der Bock, den ich für dich ausgemacht habe", höre ich den Freund flüstern, „aber wenn du ihn sozusagen als Zugabe nehmen willst, würde ich mich sehr freuen." Solch Angebote sind mir nicht unbekannt. Schließlich kann man ja kein Stück Wild anbinden, und sollte es mit dem in Aussicht gestellten Abschuß nicht klappen, dann fährt der Gast wenigstens nicht als ‚Schneider' heim. Und hat seinen Spaß gehabt. Warum sollte ich die gutgemeinte Absicht des Freundes durchkreuzen und nein sagen? Schließlich brächte ich mit solchem Abschuß seinen Rehwildbestand nicht durcheinander. In aller Ruhe mache ich mich fertig zum Schuß und muß geduldig warten, bis sich der Bock endlich erhebt. Er tut es endlich, reckt sich, schüttelt seine Decke und äugt zu uns, die wir hinter einer dicken Buche Dekkung bezogen haben, mißtrauisch herüber.

Der Schuß aus angestrichener Büchse war kein Kunststück. Das Alter des Gablers schätzen wir nach dem Unterkieferabschliff auf drei bis vier Jahre. Wir hatten mithin nichts falsch gemacht, und einen

Grund zum Öffnen einer guten Flasche badischen Weins hatten wir auch.

Am nächsten Morgen soll es dem Auserwählten, dem alten Geheimrat an den Kragen gehen. Er hat seinen Einstand in einem Ödlandstück inmitten der Feldflur. Der stark geneigte Hang, der zum Pflügen nicht taugt, diente seinen Besitzern einst als Obstgarten. Doch im Laufe der Zeit wurden die Apfel- und Birnbäume immer weniger, und auf den Lücken siedelten sich Schwarzdornhecken an. Ginster, langstielige Gräser und Brombeerbüsche machten den Südhang zu einem idealen Rehwildeinstand. Wenn man hier dem Platzbock nicht jedes Jahr nach dem Leben trachtet und ihm einige Jahre Ruhe gönnt, kann er schon reif werden.

Doch so ganz in Frieden hatte der für mich Auserkorene nach den Reden meines Freundes wohl doch nicht gelebt. Mehr als einmal sei ihm eine Kugel um die rote Decke geflogen. Im vergangenen Jahr habe Diana höchstpersönlich, die Ehefrau des Beständers, sich den Abschuß des braven Sechsers vorbehalten. Aus welchen Gründen auch immer sei das Vorhaben dann doch nicht zum krönenden Abschluß gekommen. Es wäre ja wohl auch nicht das erste Mal, daß sich ein weibliches Wesen etwas vornimmt, und es dann doch nicht zu Ende führt.

Es gab eigentlich nur zwei Möglichkeiten, den Heimlichen zu überlisten. Entweder man konnte am Ober- oder aber am Unterhang auf ihn warten. Sowohl auf der Talsohle als auf dem Plateau erstreckten sich genügend verwilderte Grasflächen, die dem Rehwild ausreichend Deckungs- und Äsungsmöglichkeiten boten. Hochsitze oder Ansitzschirme gab es weit und breit keine. In die angrenzenden, noch niedrigen Getreidesaaten würde der alte Bock sicher nicht ziehen, so vermutete ich jedenfalls. Aber der Versuch, den Einsiedler jetzt in dieser Jahreszeit zu überlisten, in der das Getreide noch nicht in vollen Ähren stand, schien mir schon weit erfolgversprechender als etwa vier Wochen später.

Es war noch stockdunkle Nacht, als wir das Jagdhaus verließen. Ein kurzes Wegestück brachte mich Norbert mit dem Wagen in die Nähe der alten Obstwiese, dann überließ er mich meinem Schicksal. In einem trockenen Graben an der Unterseite des Hanges fand ich für den Ansitz ein geeignetes Plätzchen. Zwischen dem Bockeinstand und mir lag ein schmaler Ackerstreifen, so daß ich von austretendem Rehwild nicht unmittelbar überrascht werden konnte. Schnell wurde es hell, und ein vielstimmiger Vogelchor begrüßte den beginnenden Tag. So sehr ich auch die einzelnen grünen Freiflächen im gegenüberliegenden Hang mit den Augen abtastete, es ließ sich kein Stück Rehwild blicken. Ein Hase vertrieb mir ein wenig die Zeit, der immer wieder ein lanzettförmiges Blatt der grünen Saat abbiß und genüßlich mit jeder Kaubewegung das wohlschmeckende Grün in sich hineinzog.

Endlich leuchtete es am Rand einer Dornenhecke rot auf. Sollte es der Gesuchte sein? Er war es nicht. Eine Ricke, grau in den Flanken und sicher kurz vor dem Setzen, naschte an den Wildkräutern im taunassen Gras. Bald darauf hörte ich Reifen auf dem Schotterweg mahlen; das konnte nur Norbert sein. Lauthals berichtete er, daß er den Bock beim Vorbeifahren längere Zeit am Oberhang habe äsen sehen. Er hatte noch einmal Gelegenheit, den Bock näher anzusprechen und konnte mir mitteilen, daß aus dem Sechser in diesem Jahr ein Gabler geworden war. Wie das bei zurücksetzenden Altböcken nicht selten ist, waren die Vordersprossen fast völlig verschwunden und nur noch kurze Hintersprossen zu sehen. Na, wenigstens lebte der alte Knabe noch, und für den Abendansitz waren die Aussichten doch nicht übel.

Sobald auf den Feldern Ruhe eingekehrt war, saß ich ebenerdig, von Strauchwerk gut gedeckt, und harrte der Dinge, die da kommen sollten. Ob der Bock in den Abendstunden wohl die Grenzen seines Einstandes kontrollieren und mir vor die Büchse kommen würde? Er tat es nicht! Warum sollte er auch; er zog es vor, mit einem Schmalreh den Hang hinunter zu bummeln und sich dem Freund zu zeigen. So blieb mir nur noch ein letzter Ansitz vor der Abreise am Sonntagmorgen. Dieses Mal wollte ich nicht den Ansitzplatz wechseln und es noch einmal am Oberhang versuchen. Das Wetter spielte mit, ein leichter Frühdunst versprach einen schönen, sonnigen Tag. Bei den ersten Sonnenstrahlen müßte das Rehwild die tropfnasse Decke zu trocknen versuchen und im Freien bleiben. Dies um so mehr, da es sich im Haarwechsel befand und gegen Kälte und Nässe besonders empfindlich war.

Die Sonne schickte sich gerade an, über den Horizont hinwegzuschauen, da sah ich vor mir im hohen Gras eine Bewegung. Es waren die Lauscher eines weiblichen Rehs, und kurz darauf bemerkte ich zu meiner großen Freude die Rückenlinie eines weiteren Stückes. Als es das Haupt hob, leuchteten mir knuffige Stangen entgegen. Kein Zweifel, es war der Gesuchte! Zunächst ästen die beiden parallel zum Hang, dann schwenkte die Geiß in Richtung des undurchdringlichen Hangbewuchses ab. Wiederholt warf der Bock auf und sicherte nach allen Seiten. Er war im Wildbret deutlich stärker als seine Begleiterin. Die fahlgelbe Decke, die altersgraue ‚Brille' um seine Lichter und der kurze, kräftige Träger ließen keinen Zweifel an seinem wahren Alter. Doch wie sollte ich ihm durch dieses hohe Gras eine sichere Kugel antragen? Verschlagen würde sie sich, bevor sie den Wildkörper erreichte. Es war zum Verzweifeln, denn ich befürchtete, daß der Bock auch bald abdrehen und die Geiß folgen würde. War für einen Moment einmal ein Stückchen der Decke frei, so zog der Alte schon wieder weiter. Doch wie jeder noch so heftige Sturm einmal eine Pause einlegt, so hat auch jede noch so dichte Wiese eine Fehlstelle. Als der Alte sie betrat, war meine letzte Chance gekommen, und ich nutzte sie. Der Bock stürmte hangabwärts hinein in die Dornen. Er mußte eine gute Kugel haben. Doch ich ging nicht auf den Anschuß, wollte auf den Freund warten und meiner Hündin eine Nachsuche gönnen.

Als Norbert kam, machte er ein langes Gesicht. Er hatte in der Nähe gesessen, sehr wohl den Schuß, aber keinen Kugelschlag gehört. „Durch dieses dichte Gras willst du den Bock getroffen haben?" waren seine ersten Worte, und sein Gesichtsausdruck sprach Bände. Ich schlug vor, aus dem Zwinger meine Schweißhündin zu holen, und so machten wir es. Conny brauchte nicht lange, um die Wundfährte aufzunehmen. Emsig folgte sie dem blasigen, hellroten Schweiß, und mein Herz jubelte. Da lag er ja mit gutem Blattschuß, und ich konnte es mir nicht verkneifen, den Freund noch ein bißchen zappeln zu lassen, bevor ich ‚Bock tot' rief. Ihm einen fröhlichen Waidmannsdank zu sagen, das lag mir schon am Herzen. Aus dem angebotenen Gabler wurde beim Betrachten der Trophäe doch noch ein ungerader Sechser, denn aus der linken Stange ragte kurz oberhalb der Rose noch ein knapp fünf Zentimeter langes Ende heraus. Ein ungerader Achter hätte es sein können, wenn nicht die schwachen Vordersprossen abgekämpft wären.

Als ich, nachdem das Wildbret versorgt und abgewogen war, in der Wildkammer das Haupt des Sechsers mit dem des drei- bis vierjährigen

‚Zugabebockes' verglich, fiel mir auf, daß die Gesichtsmasken beider Böcke fast gleich gefärbt waren. Immerhin war der eine sicher doppelt so alt wie der andere. Beide hatten keinen Muffelfleck und wiesen keine deutlich abgesetzten Farbzonen auf. Zwar war das Gesicht des Älteren schon stärker angegraut und auch die sogenannte Brille um die Lichter erkennbar, doch das in freier Wildbahn zu erkennen, wäre kaum möglich gewesen. Zweifellos basierte die Ähnlichkeit beider Gehörne auf einer gleichen genetischen Veranlagung und damit auch die Gesichtsfärbung. Aber einen gravierenden Unterschied zwischen beiden Böcken gab es doch: Der jüngere hatte klassische Kranzrosen, während der ältere tief herabgezogene Dachrosen aufwies.

Mir ist bis heute nicht klar geworden, weshalb Wildbiologen und sogar Jagdwissenschaftler die Möglichkeit der Altersansprache beim lebenden Rehbock neuerdings rundweg abstreiten. Geht man den „neueren wissenschaftlichen Erkenntnissen", auf die sie sich berufen, einmal näher auf den Grund, wird man feststellen, daß sie sich alle auf dieselben, wenigen Quellen berufen, um nicht zu sagen, daß die Herren munter voneinander abschreiben. Warum erklären diese Theoretiker, daß alle Merkmale zur Altersansprache schlichtweg Unfug sind, nur weil es hier und da Abweichungen von der Regel gibt. Auch das haben die erfahrenen Praktiker längst erkannt, und es ist leichter, einen Bock im heimischen Revier auf sein Alter anzusprechen als in einem anderen Wuchsbezirk.

Was will man mit der These der Nichtansprechbarkeit bezwecken, warum wird sie verbreitet und die Jäger damit verunsichert? Eines steht fest: Kann man die Böcke (für die Hirsche gilt das gleiche) dem Alter nach nicht einschätzen, dann kann der Jäger jeden Bock erlegen, der ihm vor die Büchse kommt, bis der Abschußplan erfüllt ist. Das hätte zur Folge, daß mehr Rehe zur Strecke kämen. Will man das? Oder ist es nicht vielmehr das eigene Unvermögen, das viele Theoretiker dazu treibt, lauthals Althergebrachtes über Bord zu werfen. Dann ist es leicht zu sagen: „Keiner kann es!" (also muß ich es auch nicht können!).

Ich würde es auch für unrichtig halten, aus einem einzigen Merkmal, beispielsweise dem Muffelfleck, das Alter eines Rehbockes ableiten zu wollen. Aber aus der Gesamtschau, aus dem Verhalten, dem Körperbau, dem Träger, der Deckenfarbe, dem Fege- und Verfärbetermin und auch aus der Ausformung des Gehörns kommt der hinreichend erfahrene Jäger schon zu einem Urteil. Das geht natürlich nicht, wenn man mit übermäßiger Fütterung und Medikamentengaben das Rehwild so manipuliert, daß zweijährige Böcke sechshundert Gramm schwere Gehörne schieben.

Ich habe schon manche Geschichte über die Erlegung eines Rehbokkes gelesen. Von alten und jungen Böcken, vom ersten und vom letzten. Geschichten von unseren jagdlichen Klassikern oder von Jagdschriftstellern der Neuzeit. Aber ich habe noch nie etwa folgende Sätze gedruckt gefunden: „Dann kam endlich der langersehnte Bock. Ob er zwei, vier, sechs oder gar acht Jahre alt war, vermochte ich beim besten Willen nicht zu sagen. So schoß ich ihn dann in der Hoffnung, er möge das Zielalter erreicht haben. Als ich ihm dann in den Äser schaute und feststellen mußte, daß er zwei-, höchstens dreijährig war, da war es mir auch egal, denn wie hatte doch der Doktor von der Universität mit der alten Jagdtradition gesagt! „Altersmerkmale – alles Hokus-Pokus!"

Meisterschüsse

Neben der Überlistung eines besonders heimlichen Wildes, der Erbeutung einer außerordentlichen Trophäe oder einem imponierenden Naturerlebnis sind es ungewöhnliche Schüsse, die dem Jäger für lange Zeit im Gedächtnis haften bleiben. Auch ein Golfspieler, dem es gelang, den Ball mit einem Schlag im Loch zu versenken, also ein ‚hole in one' zu spielen, zehrt ein Leben lang davon. Glücklicherweise gibt es für den Jäger mehr als einmal Gelegenheit, seine Schießfertigkeit zu beweisen. Schließlich gehört der Umgang mit dem Gewehr zu seinem Handwerk, und je besser ihn jemand beherrscht, um so mehr Freude wird er auf der Jagd haben.

Meisterschüsse, mir fallen da einige ein: Eine Drückjagd war angesetzt. Ich hatte eine Gruppe von Gästen zu ihren Ständen gebracht und selbst eine Ansitzleiter in einer langgestreckten Bestandeslücke bezogen. Vor mir nur wenig Freifläche; zur Linken hohe Rasenschmiele mit einigen Adlerfarnhorsten, zur Rechten war der Waldboden mit mannshohem Gagelstrauch bedeckt. Geschneit hatte es in den Tagen zuvor, und nur unter dem Porst hatte sich eine dünne Schneedecke gehalten.

Fünf Minuten mochten die Treiber gerade mit dem Beunruhigen der Einstände begonnen haben, als ich rechts von mir im Kiefernaltholz ein leises Knacken vernahm. Nicht lange dauerte es, da schob sich ein starkes Stück Schwarzwild durch die lichten Porstbüsche. Gegen den Schnee hoben sich die Umrisse der Sau gut ab. Frischlinge folgten keine, und so lag die Vermutung nahe, daß es sich um einen Keiler handeln könnte. Kein geringer war es, wie ich bald feststellen konnte. Weiß blitzten die hellen Waffen aus der Schwarte. Vorsichtig schob er sich, immer wieder verhoffend, durch das Gebüsch. Dort, wo ein Graben den Gagelstrauch durchzog, konnte es gelingen, einen Schuß anzubringen. Kaum war der Zielstachel auf der schwarzen Schwarte, drückte ich ab. Ein kurzer Ruck ging durch den massigen Wildkörper, dann ging der Keiler in leichtem Troll spitz von mir fort. Fünfzig bis sechzig Meter war er vielleicht entfernt, als mein Schuß ihn traf. Spitz von hinten hätte ich noch einen ‚kanadischen Blattschuß' anbringen können, aber das wollte ich auf gar keinen Fall, denn dazu bestand keine Veranlassung.

Die folgenden zweieinhalb Stunden – so lange sollte das Treiben dauern – wurden mir zur Ewigkeit. Die Leiter wollte ich in keinem Falle vorher verlassen, ich hätte ja einem Nachbarschützen vor die Büchse laufen können. Nach einer Stunde des stillen Sitzens und Grübelns kam endlich etwas Ablenkung. Eine Ricke mit ihren beiden starken Bockkitzen folgte einem bekannten Wechsel; ich ließ sie natürlich unbeschossen. Kurz darauf wieder eine Bewegung: Ein Fuchs! Reineke tat so, als habe er nicht mitbekommen, daß in seinem Reich gerade eine Drückjagd ablief, die für seinen roten Balg durchaus gefährlich werden könnte. Unbefangen stellte er den Mäusen nach. Hundertfünfzig Meter mochten es zu ihm gewesen sein. Auf diese Entfernung war mein Blaser-Stutzen (7 × 64) eingeschossen, also ruhig auf der Leiterbrüstung aufgelegt und hinaus war der Schuß! Im Knall warf es den Roten herum, und noch einige Male sah ich die aufrecht gestellte Standarte zucken, bis der Fuchs mir gänzlich aus den Augen entschwand.

Endlich war die Zeit des Abbaumens gekommen! Sogleich ging ich zu der Stelle, an der ich den Keiler beschossen hatte, und war hocherfreut, auf dem dünnen Schnee ein paar schwarze Schnittborsten und dunkelroten Schweiß zu finden. Ein kurzes Stück wollte ich der Wundfährte auch ohne Hund folgen, oft liegt ja ein Stück nach wenigen Metern. Am Rand der Porstfläche stand eine tiefbeastete, einem großen Weihnachtsbaum ähnelnde Fichte, und genau bei ihr endete der Schweiß und auch die Fährte. Hier also hatte sich der kranke Keiler eingeschoben! Lebte er noch, oder war er bereits verendet?

So einfach unter den Baum zu kriechen, wäre tödlicher Leichtsinn gewesen. Zunächst wollte ich in gebührendem Abstand die Fichte umkreisen, um etwas über den genauen Standort des Keilers zu erfahren. Noch hatte ich nicht ein Drittel der Strecke zurückgelegt, da teilten sich die tiefherabhängenden Zweige des dunkelgrünen Nadelbaums, und wie der Leibhaftige stürmte der Basse aus ihnen hervor, genau auf mich zu. Meinen entsicherten Stutzen hatte ich zwar in der

Gute Äsung, starke Hirsche

Bastgeweihe wirken noch imposanter als gefegte

Kaisereiche und Kaiserstein in der Schorfheide

Unweit davon fiel dieser alte, kranke Zwölfer

rechten Hand, doch kam ich überhaupt nicht mehr dazu, in Anschlag zu gehen. Instinktiv und ohne zu zielen hielt ich in Hüfthöhe den Lauf in Richtung des annehmenden, schwarzen Ungetüms und machte den Zeigefinger krumm. Das Ergebnis war verblüffend und wohltuend zugleich: Im Knall sackte der Keiler auf der Stelle zusammen und rührte kein Glied mehr. Ich hatte ihn genau zwischen den Lichtern getroffen.

Die Sache mit dem Fuchs muß ich jedoch auch noch zu Ende erzählen: Als ich ihn am Anschuß aufheben wollte, war er nicht mehr da. Eine deutliche Schweißspur führte in das anschließende Altholz. Nun war guter Rat teuer, denn außer zwei guten Schweißhunden hatten wir keine vierläufigen Gehilfen bei uns. Da bot sich einer der Schweißhundführer an, mit seinem erfahrenen Rüden den kranken Fuchs nachzusuchen, auch wenn das vielleicht den Statuten des ‚Vereins Hirschmann' nicht ganz entsprach. In der Not frißt der Teufel bekanntlich Fliegen! Der Hannoversche Schweißhund folgte der Fuchsspur genauso sicher wie einer Hochwildfährte und führte uns schließlich an den Wurzelteller einer vom Sturm geworfenen Fichte. Dort, im tiefsten Schlupfwinkel, saß der Fuchs und keckerte uns an. Offensichtlich hatte ich ihm beide Vorderläufe abgeschossen, eine schlimme Sache! Förster W. schnallte seinen Hund, und, heraus rumpelte der Fuchs, der Hund hinterher. Weit ging die ungleiche Hetze jedoch nicht. Schon bald setzte sich die starke Fähe auf die Keulen und versuchte mit weit aufgerissenem Fang und fletschenden Zähnen, ihren Verfolger abzuwehren. Dieser jedoch umtänzelte das kranke Wild und gab Standlaut wie bei einem gestellten Hirsch. Bei erstbester Gelegenheit gab der Hundeführer den Fangschuß, und so hatte die dramatische Nachsuche ein rasches Ende gefunden. Als wir den verendeten Fuchs auf den Wildwagen geworfen hatten, ließ der Rüde niemanden mehr an diesen heran.

Leider gab es mit dem guten Gewaff des etwa fünfjährigen Keilers noch ein unangenehmes Nachspiel. Nachdem ich sie mühsam aus dem Kiefer gelöst hatte, stellte ich sie eines Nachmittags in einem voll mit Wasser gefüllten Topf auf eine Elektro-Kochplatte zum Abkochen. Das ganze spielte sich in einem Schuppen außerhalb des Hauses ab. Als die Waffen gleichmäßig kochten, erhielt ich überraschend Besuch. Meine Schwester Christa mit Schwager Ernst waren aus der Mark

Brandenburg angereist, und da wir uns lange nicht mehr gesehen hatten, gab es viel zu erzählen. Kaffee und Kuchen waren längst vertilgt, da erinnerte ich mich meines Keilergewaffs! Im Geräteschuppen qualmte und stank es fürchterlich. Alles Wasser war verdunstet, und auf dem glühenden Topfboden lag ein Häufchen schwarzer und weißer Asche, die Waffen des Fünfjährigen waren hin! Daß er mich auf diese Weise auch noch annehmen mußte, war schon schlimm.

Apropos Trophäen, in meiner Grandelsammlung befindet sich ein Paar, das eine nicht alltägliche Bräunung aufweist, und das kam so: Auf einer Revierfahrt ausgangs des Winters entdeckte ich in der Heide die Reste eines verluderten Alttieres. Zwar hatten die Kolkraben und Füchse das Stück bereits weitgehend skelettiert, doch aus den Oberkieferknochen ragten noch die Grandeln hervor. Da sie von einem recht alten Stück stammten, wollte ich sie nicht verlorengehen lassen. Ein Messer hatte ich nicht zur Hand – immerhin war schon Schonzeit –, und so warf ich den Schädel einfach in den Kofferraum des Combis, in dem sich auch meine Schweißhündin befand. Zu Hause angekommen, war zwar der Schädel noch da, aber die Grandeln fehlten. Conny hatte an dem Knochen genagt und dabei die Haken sicher verschluckt. Nun war guter Rat teuer. Die Hündin kam in Quarantäne, will heißen, wurde in den Zwinger gesperrt und das Loch zum Auslauf vernagelt. Schon am nächsten Morgen lag der Hundehaufen auf dem Bretterboden des Zwingers, und die Grandeln, wie von Konditorhand modelliert, auf demselben. Nicht genug damit, daß ich die Haken wiederhatte, nein, sie waren bei näherer Betrachtung durch die Verdauungssäfte des Hundemagens nachhaltig und umfassend braun gefärbt, so daß jeder, der das Paar heute sieht, es wegen seiner außergewöhnlichen Verfärbung bewundert.

Bei dem Stichwort Kolkrabe fällt mir auch noch eine nette Geschichte ein. Ein Forststudent sollte vor Jahren in meinem Forstamt eine Seminararbeit schreiben. Eigentlich wollte er über das Rotwild berichten, aber dieses Thema paßte dem Professor in Göttingen nicht. Dieser schlug dagegen vor, über den Kolkraben eine Arbeit zu fertigen, und so saß der Kandidat tagelang im Revier und beobachtete die bei uns gar nicht so seltenen Rabenvögel. Eine Aufgabe bereitete dem Studenten besondere Mühe, denn er sollte herausfinden, ob die Kolkraben auch heute noch in ihrer Nahrungsaufnahme unter anderem auf

Menschenleichen fixiert sind. Früher, als es noch tote Soldaten auf den Schlachtfeldern und gar manche Leichen an den Galgen gab, haben sich die Raben ja hemmungslos die fleischlichen Überreste vereinnahmt. Und nun war die Frage, ob diese Verhaltensnorm noch heute bei ihnen erblich festgeschrieben sei. Wie sollte der Student aber an eine Leiche kommen? Sollte er etwa einen uniformierten Bundeswehrsoldaten bitten, sich in die Heide zu legen, mit Rinderblut übergießen zu lassen, sich totzustellen und schließlich abzuwarten, bis die Krähen auf ihn und speziell seine Augen einhackten? Das ging natürlich nicht. So machte er folgendes Experiment: Er stellte in der Nähe eines Rabenhorstes drei Schüsseln auf und füllte je eine mit rotgefärbtem Wasser, mit Rotwein und mit Blut in der Hoffnung, die Kolke würden sich auf das Blut stürzen. Taten sie aber nicht, sie tranken den Rotwein!

Zurück zu den Schüssen: An einem Werktag im Januar hatte ich alle Revierbeamten zusammengetrommelt, um gemeinsam mit ihnen auf Kahlwild und Sauen zu jagen. Solch kleine Drückjagden mit erfahrenen Schützen sind ja oft erfolgreicher als die mit hohem Aufwand und großer Teilnehmerzahl. Da genügt es schon, wenn ein einzelner, ortskundiger Treiber die Einstände beunruhigt und die besten Wechsel besetzt sind. So geschah es auch an diesem Tage.

In einem Fichtenstangenholz hatte Förster M. (ich lasse bewußt die heutigen Titel wie Forstamtmann oder Forstinspektor oder Forstoberamtsrat weg) einen Frischling krankgeschossen. Tiefer Vorderlaufschuß, wie die Untersuchung am Anschuß vermuten ließ. Die Rotte, in der sich der Frischling befand, war in eine nicht weit vom Anschuß entfernt gelegene Fichtendickung gewechselt, und wir vermuteten, daß sich das kranke Stück dort gesteckt haben würde. Schnell wurde der große Dickungskomplex umstellt, und Förster A. wollte gemeinsam mit dem Schützen die Nachsuche durchführen. Ich selbst hatte mich auf einer kleinen Leiter abseits des Fichtenjungwuchses eingerichtet und hatte eine junge Fichtenkultur vor mir, die noch genügend Einblick gewährte. Zu dem Dickungsrand mochten es gut zweihundert Meter sein. Wir hatten schon vor der Nachsuche ausdrücklich untereinander abgesprochen, daß wir entgegen üblichen Nachsuchengepflogenheiten auch anderes gesundes Wild beschießen würden, denn wir waren recht zuversichtlich, den kranken Frischling in jedem Falle zur Strecke zu bringen.

Das Nachsuchengespann hatte kaum die Dickung betreten, da erschien mir gegenüber am Dickungsrand Rotwild. Ein siebenköpfiges Kahlwildrudel mag es gewesen sein. Das Leittier sicherte lange nach rückwärts, aber auch in Richtung der freien Fläche. Völlig unerwartet machte es mit einem Male kehrt und führte das Rudel zurück in den Einstand. Durch das Zielfernrohr hatte ich das Wild verfolgt, und ehe das letzte Kalb in die schützenden Fichtenzweige eingetaucht war, wurde ich eine Kugel los. Ich war hochblatt abgekommen und sah deutlich, wie es mit einer hohen Flucht zeichnete. Es konnte nicht mehr weit gegangen sein.

Auf den Schuß hin wurde es in der Dickung lebendig. Förster A. hatte seinen Hund geschnallt, und Hetzlaut tönte zu mir herüber. Da erschien auch schon eine einzelne geringe Sau auf der Kulturfläche, ohne Zweifel der laufkranke Frischling. Dahinter der rote Hund. Leider kamen beide nicht auf mich zu, sondern in einem Abstand von etwa zweihundert Metern versuchte der Laufkranke, das anschließenden Fichtenaltholz zu erreichen. Er mußte noch über die Abteilungslinie und den Wegegraben, dann hätte er es geschafft. Für einen Augenblick tauchte er in dem Graben unter, doch als er wieder auf der Grabenkante erschien, riß ich mich zusammen und drückte ab. Zu meiner großen Freude und Überraschung fiel der ‚Frosch' rücklings in die Vertiefung zurück. Bald war auch der Hannoveraner heran und beutelte die Sau auf der kaum Wasser führenden Grabensohle.

Förster A. war inzwischen auch auf der Kulturfläche erschienen, sah aber weder Hund noch Sau. Als ich mich ihm näherte, frug er ganz verwundert, wo denn sein Hund geblieben sei. „Die sind beide dort im Graben", sagte ich, und er: „Sie wollen damit doch nicht etwa sagen, daß Sie von der Leiter aus den flüchtigen Frischling getroffen haben?" Hatte ich aber! Als die kleine Jagdgesellschaft wieder versammelt und das Geschehen ausgiebig besprochen war, erinnerte sich Förster A. plötzlich, gleich nach Beginn der Nachsuche einen Schuß gehört zu haben. „Dann wollen wir den auch noch klären", warf ich ein und führte die Corona zum Anschuß. Nach nur wenigen Metern standen wir vor dem verendeten Kalb. „Donnerwetter", hörte ich einen meiner Mitarbeiter flüstern, der noch nicht lange in unserem Amt Dienst tat, „der Chef kann aber schießen!" Ich tat so, als hätte ich es nicht gehört.

Wenn ich mich an erfolgreiche, weite Schüsse erinnere, muß ich zwangsläufig an die Gamsjagd denken. Eines schönen Oktobertages pürschte ich wieder mit Hans, dem Bergbauern, in den Osttiroler Bergen. Unser gemeinsamer Jagdfreund Hansi H. aus Mittersill begleitete uns an diesem sonnigen Herbsttag. Auch ohne Schuß und Beute wären die Stunden im Hochgebirge ein Erlebnis ganz besonderer Art gewesen. Nicht nur Gamswild hatten wir auf alle erdenklichen Entfernungen beobachtet, auch Steinböcke hatten unsere Pfade gekreuzt, ein Steinadler hatte für ein paar Sekunden auf einem Felsköpfel vor uns aufgeblockt, und Kolkraben und Alpendohlen hatten uns mit ihrem Flugspiel erfreut. Was kann es schöneres geben, als im Gebirge nach kräftezährendem Aufstieg eine Pause einzulegen, Brot und Speck und einen Schluck Tee sich einzuverleiben, den Blick in den stahlblauen Himmel zu richten und die wärmenden Strahlen der Sonne zu genießen?

Ein zum Abschuß passender Bock war unter all dem Gamswild nicht zu finden gewesen. Da, wir rüsteten schon zum Abstieg, zeigt sich auf einem Grat ein Gams. Wir lassen uns sogleich in das herbstlich fahle, trockene Gras niedersinken. Aus der Deckung heraus versucht Hans, den Gams anzusprechen. Ein Bock ist es, kein ganz junger.

„Man könnte ihn schießen“, gibt der Jagdführer endlich von sich, „aber ich glaube, er ist doch ein bißchen zu gut für uns!“

„Ach Hans, für mich ist doch nichts zu gut!“ wage ich einzuwenden, und es soll wie ein Scherz klingen.

„Dann versuch's halt“, gibt er zurück, „aber weißt du, wie weit es dort herüber ist? Traust du dir so einen Schuß zu?“

„Laß mich einmal einen Blick durchs Zielfernrohr werfen“, sage ich, und beginne, mir eine sichere Auflage aus Rucksack und Wolljacke herzurichten. „Ich glaube, es könnte gehen!“ Dreihundert Meter mögen es zu dem Bock sein, der Zielstachel steht zunächst ruhig auf dem Wildkörper.

Hans schaut noch einmal durchs Spektiv! „Der Bock hat uns bereits weg, näher heran kommen wir auf keinen Fall, willst du es wagen?“ Ich will schon und sage das auch laut und deutlich. Hans und Hansi werfen sich vielsagende Blicke zu. Ruhig steche ich die Büchse ein, setze nun den Zielstachel auf den Widerrist des breitstehenden Bockes und lasse das Geschoß der 6,5 × 68 fliegen. Bruchteile einer Sekunde braucht es, bis das Geschoß den Wildkörper trifft. Hoch springt der

Bock, und mit ungelenken Fluchten treibt es ihn talwärts. Auf einem Felsblock tut er sich nieder, das Haupt aber hält er noch hoch. Nun endlich können wir in guter Deckung dem vor uns liegenden Graben folgen. Auf halben Wege schauen wir über einen Grat zu dem Kranken hinüber. Erst jetzt wird mir so richtig bewußt, wie weit ich geschossen hatte. Um den Bock so schnell wie möglich zur Strecke zu bringen, setze ich ihm aus sicherer Auflage eine Kugel auf den Trägeransatz, die ihn sogleich verenden läßt. Nun trudelt er den Hang hinab und bleibt fast auf unserer Höhe liegen. Ein bergungsfreundlicher Fangschuß also!

Der erste Schuß saß gar nicht schlecht. Ein tiefer Brustkernschuß war es, doch hatte das leichte Geschoß auf diese Entfernung ganz offensichtlich an Energie verloren, so daß die Wirkung nicht mehr ausreichend war. Der neunjährige Bock war gut gehakelt und auch stark in den Schläuchen. Insgesamt fiel er etwas besser aus, als er eigentlich hätte sein sollen. Ich freute mich riesig, und auf meine Frage, weshalb er ihn habe schießen lassen, sagte Hans schlagfertig: „Ich hätte doch nie geglaubt, daß du den Bock auf diese Entfernung treffen würdest!" Wir mußten alle drei über diese Offenbarung lachen und machten uns frohgelaunt auf den Heimweg.

Zurück ins heimische Revier. Dicht am ‚Fuchswäldchen', das ich dem Leser schon vorgestellt habe, steht eine Gruppe astiger, krummer Kiefern, die sich dort selbst angesamt haben. An ihnen führt ein uralter Hochwildwechsel vorbei, und so war es naheliegend, dort einen Hochstand zu errichten, ‚oben ohne', soll heißen: ohne Dach, und schön der Landschaft angepaßt. Für die Drückjagd ein aussichtsreicher Platz! Da der Hochsitz im Südwesten des Fuchswäldchens steht, ziehen das Rotwild, aber auch Dam- und Schwarzwild gern gegen Wind dort aus.

Bei den zwei im Jahr dort abgehaltenen Ansitz-Drückjagden hatte ich diesen feinen Platz immer den Jagdgästen vorbehalten, doch mit dem, was dort geschossen wurde, war ich selten zufrieden. Geschossen wurde zwar reichlich, aber viel vorbei. Einmal schoß Norbert ein Tier, erst weidewund, dann laufkrank, und dann brach es endlich mit gutem Blattschuß zusammen. Auch Hubert hatte guten Anlauf, aber mehr als ein Rotspießer kam bei ihm auch nicht zur Strecke. Peter saß einmal auf dem Sitz und sah gar nichts. Völlig verstört sagte er mir beim Abholen: „Die Stille dort in diesem Heidewinkel war für mich für

Momente fast unerträglich und bedrückend. Manchmal dachte ich, ich habe mein Gehör verloren, so ungewohnt war für mich diese menschenleere, völlig geräuscharme Umgebung.“ Kein Wunder, daß einem Menschen die Weite und Stille aufs Gemüt schlagen muß, der seinen Arbeitsplatz inmitten der Großstadt in einem neben einer Hauptverkehrsstraße gelegenen Ministerium hat.

Was nützen also bei einer Jagd alle guten Vorbereitungen, wenn sich der Erfolg nicht einstellt. Auch Franz, sonst ein vorzüglicher Kugelschütze, traf das Schmaltier vom Kiefernsitz nur am Lauf, und mit der anschließenden Nachsuche ging eine Menge Zeit verloren, die man bei der Kürze der Wintertage besser hätte nutzen können. So erklärte ich bei der letzten Drückjagd den Freunden frank und frei, daß ich es selbst einmal auf dem Kiefernsitz versuchen wolle.

Es kam, wie ich es erhofft und eigentlich auch erwartet hatte: Auf gute Kugelschußentfernung trat aus dem Weidengebüsch zunächst ein Alttier vorsichtig hervor und zog gegen Wind auf die Freifläche. Ihm folgte Stück für Stück ein vielköpfiges Rudel. Das Leittier hatte um den Windfang und die Lichter altersbedingte, fast weiße Ringe und war so von den anderen Tieren leicht zu unterscheiden. Ich nahm mir das schwache Kalb dieses alten Tieres aufs Korn, und im Knall sah ich es zusammenbrechen. Ein weiteres Kalb bekam ich frei, und auch dieses ging sogleich zu Boden. Nun bemerkte ich, daß sich das bisherige Leittier nicht mehr an der Spitze des Rudels befand, sondern mehr an dessen Ende. Als es für einen Augenblick verhoffte, ereilte es die Kugel. Fast war das Rudel dem Wirkungsbereich meiner Büchse entschwunden, da konnte ich noch das letzte, nur zögerlich hinter dem Rudel hierflüchtende Alttier erlegen. Es war sicher das Tier des anderen von mir geschossenen Kalbes.

Am Ende des Treibens kamen die Schützen zusammen, und die Freunde konnten sich anzügliche Bemerkungen über die vier dicht aufeinander erfolgten Schüsse nicht verkneifen. Als ich dann jedoch sagte: „Dort liegt ein Kalb, und dort noch eins, und da das dazugehörende Alttier und dort das andere, da verstummten die Frozzeleien augenblicklich. Nur Norbert konnte es sich nicht verkneifen, seine Freunde darauf hinzuweisen, daß „der Kurt es uns mal wieder gezeigt hat, wie man es macht“! Vielleicht versteht der Leser jetzt aber auch, daß der Abschuß des weiblichen Wildes in einem Hochwildrevier, in dem mehrere Hundert Stück Schalenwild geschossen werden müssen, gelegentlich schon in Arbeit ausarten kann.

Schnell noch ein Wort zum Abschuß von Leittieren: Wo immer starke Rotwildrudel auftreten, wird häufig den Jägern der Ratschlag erteilt, die Leittiere zu schießen, um so die Rudel aufzulösen. Das ist jedoch ein gänzlich ungeeignetes Mittel! Warum? Nun, jedes Rudel wird von einem Leittier geführt. Es ist nicht immer das älteste Stück im Rudel, sondern das zum Führen eines Verbandes geeignetste Stück. Das Leittier, und das ist wichtig, führt selbst immer ein Kalb. Aus dieser Tatsache heraus erklärt sich sein Drang zum Führen. Will man nun ein bestimmtes Tier in seiner Funktion als Leittier ablösen, braucht man es nicht gleich totzuschießen und das Kalb möglicherweise zur Waise machen, sondern man muß das Kalb schießen. Dann fällt das Alttier in seiner Rangordnung wieder zurück und wird am Ende des Rudels zu finden sein. In dem Augenblick, in dem das Kalb zu Boden fällt, gibt das Leittier seine führende Rolle ab. Häufig verhofft es noch am Ende des Rudels, um nach dem Kalb Ausschau zu halten.

Es irrt, wer annimmit, daß sich mit dem Tod des Leittieres ein starkes Rudel in mehrere kleine auflöst. Sehr schnell übernimmt ein anderes, geeignetes Alttier die Führung des Verbandes. So ein Rotwildrudel kann sich übrigens in kurzer Zeit nach Größe und Zusammensetzung ändern, auch ohne daß es beschossen wurde.

Dort, wo das Ostenholzer Moor allmählich in Wirtschaftswald übergeht, gibt es einen langgestreckten Feuerschutzstreifen. In diesem Jahr war er je zur Hälfte mit Winterroggen und perennierender, gelbblühender Lupine bestellt. Anfang August lockte die reifende Körnerfrucht die Sauen und das Rotwild auf die Äsungsfläche. Besonders die Feisthirsche hatten es auf den gehaltvollen Roggen abgesehen und ästen Ähre um Ähre. Aber auch die bitteren Lupinenstauden und die dazwischen wuchernde Quecke verschmähten sie nicht.

An einem warmen Sommerabend – die Jagd auf die Hirsche war schon auf – fuhr ich mit dem Wagen an dem Grünstreifen vorbei. Überrascht war ich, als ich bei dem glutvollen Schein der untergehenden Abendsonne in dem Roggenstück vertraut einen Rothirsch äsen sah. Erst wollte ich vorbeifahren, um den jungen Hirsch nicht zu vergrämen, doch als er aufwarf, wurde ich neugierig. Was mir zuerst auffiel, war sein alter, ja leidender Gesichtsausdruck. Im Wildbret war er aber gering. Und dann das Geweih: Zwei Stangen, wie ich sie bei einem Rothirsch in freier Wildbahn noch nicht gesehen hatte! Wollte man den Kopfschmuck nach dem bei uns üblichen Endenschema beschreiben, so war es ein Kronensechser, der mich unverwandt anäugte. Keine Augsprossen, keine Mittelsprossen, nur am Ende der langen, kahlen Stangen jeweils eine dreiendige Krone. Rechts eine Becherkrone, während auf der linken Stange das eine Kronenende mehr heruntergezogen war, so daß man darüber streiten konnte, ob es eine nach oben gewanderte Mittelsproße oder ein Eissproß war.

Nun hatte ich in diesem Jahr einen Hirsch der Klasse IIb/Ib frei, und dieser Hirsch wäre zweifelsfrei richtig gewesen. Aber eins stand für mich an diesem Abend fest: So unvermittelt und spontan wollte ich ihn in keinem Falle schießen. Dafür gab es neben dem geringen Erlebniswert zwei Gründe: Erstens schien mir der Hirsch uralt zu sein, also so um den sechzehnten Kopf herum, und dann wäre es höchste Zeit, ihn zu erlegen. Aber, und das war die Frage, war er wirklich so alt, wie er schien, oder war er doch nur vom sechsten oder siebten Kopf, und hatte er beim Schieben des Geweihs irgendwelche Probleme gehabt? Vielleicht war er mit einem Auto zusammengestoßen, oder er hatte Stoffwechsel- oder Hormonstörungen? Zum anderen mochte das Geweih höchstens sieben Pfund wiegen.

Wenn man als Beamter nur in größeren Zeitabständen einen Hirsch frei hat und dann einen Abschußhirsch ohne Gewichtsbegrenzung strecken kann, dann ist es sicher verständlich, wenn man nicht gleich auf den erstbesten Hirsch Dampf macht. Ich selbst gehöre auch nicht zu denen, die da rundweg behaupten, sie schössen einen Knopfbock genauso gern wie einen braven Sechser. Zwar bin ich kein rekordsüchtiger Trophäensammler, aber ich gestehe freimütig, daß mir eine starke Trophäe mehr Freude bereitet als eine geringe, und daß ich einen Medaillenkeiler lieber schieße als einen Frischling. Mit dieser Ansicht befinde ich mich hoffentlich nicht allein. Schließlich sind wir Menschen von unserer Entwicklung her auf das Beutemachen programmiert, und es ist nichts Unmoralisches dabei.

Die alte Pilzfrau sammelt lieber einen Korb voll gesunder Pilze und nimmt nur zur Not mit einer halben Schüssel madiger Früchte vorlieb. Der Fußballstürmer wird bemüht sein, eher drei Tore als kein Tor zu schießen, und jeder Autofahrer hätte lieber hundert als fünfzig Pferdestärken unter seiner Motorhaube. Alles andere wäre gegen die Natur des Menschen. Nur wenn die Jäger eine starke Beute machen wollen, dann gibt es Beckmesser, die werfen ihnen Trophäenkult vor und scheren ansonsten alle Jäger über einen Kamm.

Also Grund zum Überlegen hatte ich schon. Das mit dem Geweihgewicht erschien mir jedoch bald nicht mehr so wichtig, entscheidend war für mich die Frage, ob der ‚Sechser' wirklich so alt war, wie ich von Anfang an vermutete. Denn das Geweih eines uralten, zurückgesetzten Hirsches ist selbst in einem gut gepflegten Rotwildrevier die Ausnahme, und der Wert einer Trophäe bemißt sich auch nach ihrer Seltenheit, gleich wie bei anderen Besitztümern.

Nach Sonnenuntergang hatte sich der Hirsch so weit von der Waldstraße entfernt, daß ich unbesorgt den Wagen starten und weiterfahren konnte. Entschlüsse, die mit der Jagd zusammenhängen, fasse ich in der Regel gern allein. So war ich an diesem Abend zu Hause sicher nicht sehr gesprächig, sondern dachte über die Hirsche im allgemeinen und den Kronensechser im besonderen nach. Am Ende war der Entschluß gefaßt: diesen und keinen anderen!

Am folgenden Abend war ich sehr früh draußen. Der Wind wehte von Südwest, so daß ich die Leiter nicht benutzen konnte, die allen Regeln zum Trotz auf der Westseite der Äsungsfläche stand. An dem Nordzipfel der Schneise warf ich mich in das hohe Gras und fand hinter einer gefegten Kusselkiefer leidlich Deckung. Heute tat der Hirsch mir nicht den Gefallen, im Sonnenschein auf die Fläche zu ziehen. Auch mit einbrechender Dämmerung erschien er nicht. Nur ein kleines Rudel, Alttier, Schmalspießer und Kalb, vertrieb mir die Zeit. Im letzten Büchsenlicht zogen weit entfernt mehrere Hirsche in den Roggen. Sie waren nicht mehr anzusprechen, nur ein alter, reifer Kronenhirsch überragte an Geweih- und Körperstärke die anderen deutlich. Schon war es Zeit zu gehen, da zog von links ein einzelnes Stück Rotwild vorsichtig in die Lupine. Ein Hirsch! Von der Figur her hätte es der Alte sein können, aber das Geweih konnte ich nicht mehr ansprechen. Mal glaubte ich keine Augsprossen zu sehen, dann sah ich doch wieder ein kurzes Ende. War er es, oder war er es nicht? Ganz gleich, das Licht reichte nicht mehr aus. Ohne das Wild zu stören, machte ich mich von dannen.

Der folgende Morgen war windig und klar. Ideales Wetter, um

unbemerkt an die Äsungsfläche zu gelangen. Aber es zeigten sich nur drei vertraut äsende Junghirsche vom zweiten und dritten Kopf. Tagsüber drehte der Wind auf Nordwest, und so blieb mir nichts anderes übrig, als am Abend am Südende des Feuerschutzstreifens anzusitzen. Ansitzen ist eigentlich nicht der richtige Ausdruck, denn ich hatte mich bäuchlings hinter einen kleinen Erdwall gelegt, über den ich die Fläche in ihrer ganzen Länge gut einsehen konnte. Wieder war ich bei vollem Sonnenschein draußen und sollte es nicht bereuen. Schon bald zog ein guter Sechserbock über die Lupine; jetzt zum Ende der Blattzeit war er auf der Suche nach einer spätbrunftigen Ricke. Wäre er mir an einem anderen Ort begegnet, ich hätte ihn gern geschossen.

Kaum war der Bock verschwunden, schimmerte es mir gegenüber zwischen den Anflugkiefern rot. Unweit der Stelle, an der ich am Vorabend angesessen hatte. Lange mußte ich hinüberschauen, bis ich erkannte, daß es ein Hirsch war. Dann endlich sah ich für Augenblicke eine Stange in ihrer ganzen Länge. Ohne Zweifel, es war der von mir gesuchte Althirsch. Hirschfieber kam auf! Für einige Minuten verschwand der Hirsch gänzlich, dann wieder schimmerte die rote Decke durch die buschigen Kiefern. So ging das wohl eine ganze Stunde lang, bis der Hirsch endlich ins Freie trat. Er mied die Lupinenfläche und äste nur auf dem grünen Randstreifen. Einmal warf er längere Zeit auf, und ich befürchtete schon, eine Störung würde ihn zum Abspringen veranlassen. Doch es kam, wie am Vortag, das junge Alttier mit dem Kalb und dem Spießer. Der Hirsch beachtete das Rudel nicht weiter und schloß sich ihm auch nicht an. Nun hatte ich Zeit, ihn mir näher anzuschauen. Je mehr ich ihn betrachtete, um so überzeugter wurde ich, daß es ein wirklich alter Hirsch war. Greisenhaft wirkte sein Gesicht, altersgrau und ohne Absätze war seine Maske. Der Träger war wieder dünn wie bei einem Vierjährigen, und die Rücken- und Beckenknochen waren unter der struppigen Decke gut zu erkennen. Diesen Hirsch mußte ich schießen, einen weiteren Winter würde er nicht überleben.

Er kam jedoch nicht näher. Mehr als zweihundert Meter waren es zu ihm. Da entschloß ich mich zum Schuß. Besser bei gutem Licht einen weiten Schuß riskiert als umgekehrt! Hochblatt stand der Zielstachel, als ich den Schuß löste. Hoch sprang der Althirsch, wie man es ihm bei seinen steifen Gelenken gar nicht mehr zugetraut hätte. Mit letzter Lebenskraft erreichte er den Waldessaum, dann fiel er gegen eine Kiefer und rutschte an dieser zu Boden.

Bei der Altersansprache hatte ich mich nicht vertan. Nach dem Zahnabschliff war er eher vom siebzehnten als vom fünfzehnten Kopf. Die Grandeln bestanden nur noch aus Stümpfen. Auf der einen Flanke hatte er eine eitrige Forkelverletzung, die ihm sicher noch schwer zu schaffen gemacht hätte. Zu einer Tageszeit, bei der üblicherweise die Rotwildjäger den Hochsitz beziehen, brach ich voll Freude meinen alten Feisthirsch auf. Nun konnte ich während der Brunft unbekümmert Gäste führen. Nur achtzig Kilo brachte der Hirsch später auf die Waage, und der Wildhändler war über ihn gar nicht erfreut.

Wenige Tage nach meinem Waidmannsheil rief mich ein Jagdgast an und erklärte mir, daß er vom Minister einen entgeltlichen Abschuß auf einen Ia-Hirsch bekommen habe. Da aber drei seiner Kinder noch in der Ausbildung stünden, wollte er nicht soviel Geld für einen Abschuß ausgeben. Eine vernünftige Einstellung, wie ich finde. Doch nun kam die Frage: „Haben Sie denn nicht einen ganz alten, zurückgesetzten, wenn möglich abnormen Hirsch in Ihrem Revier mit möglichst geringem Geweihgewicht, den könnte ich doch schießen, ohne mit meiner Familie in Konflikt zu geraten?“ Einen solchen hatte ich nun nicht mehr!

Heideschaufler

Zugegeben, die Überschrift dieses Kapitels ist nicht gerade originell. Alles, was man zwischen Celle und Lüneburg an den Mann beziehungsweise die Frau bringen will, beginnt mit Heide. Heidebrot, Heidekartoffel, Heidekörbe, Heideschinken, Heideschänke, Heidedichter, Heidesand, Heidekönigin, Heidegeist, Heidekrug, Heide ..., Heide ..., Heide! Die alten Heidmärker nannten den Rothirsch Habbock, also Heidebock, und sie hatten damit gar nicht so unrecht, denn viel hatten die Hirsche in der Heide bis zur Einführung des Reichsjagdgesetzes wirklich nicht auf.

Aber der Heideschaufler genießt doch eine gewisse Sonderstellung. Zum einen kommt Damwild in der Südheide erst seit Ende der dreißiger Jahre vor, nachdem man das Gatter eines Gutsbesitzers mit Einrichtung des Truppenübungsplatzes geöffnet hatte. Eine gewisse genetische Verarmung ist daher zu vermuten, ohne daß dies dem Bestand zunächst Nachteile gebracht hat. Zum anderen ist hier das Brunft- und Sozialverhalten der Schaufler sehr deutlich an die ökologischen und standörtlichen Verhältnisse angepaßt und damit recht unterschiedlich. Während in den geschlossenen Waldgebieten der Damhirsch um einen Brunftplatz kämpft und das Kahlwild zu ihm kommt, sind auf den offenen Heideflächen die Schaufler nicht an den Ort, sondern an das Kahlwildrudel gebunden, sie verhalten sich also ähnlich den Rothirschen. Besonderen Reiz macht daher die Jagd auf den brunftenden Schaufler im dichten Bestand, wo sich der Jäger Schritt für Schritt vortasten muß, um endlich auf nächste Entfernung und unter Umgehung aller Hindernisse zu Schuß zu kommen.

Es war ein sonniger Herbst. Silberfäden zogen im Wind. Altweibersommer! Mit einem Jagdgast war ich unterwegs, um einen Ernteschaufler zu schießen. In meinem Forstamtsbereich gibt es nur wenige feste Brunftplätze, wo die Schaufler auf das Kahlwild warten. Wir müssen ein Kahlwildrudel suchen und warten, ob sich ein oder zwei Schaufler am Abend dazugesellen, die am nächsten Morgen das Rudel wieder verlassen. Dann lassen sie allein in ihrem Einstand ihren schnarrenden, nicht gerade wohlklingenden Brunftruf hören.

Am Rande einer großen Wiese stand ein Rudel Kahlwild. Alle Farbvariationen waren darin vertreten, hirschfarbene Stücke mit weißen Flecken, schwarze und auch ein schlohweißes, nichtführendes Tier. Während das Kahlwild friedlich auf der Grasfläche äste, zog der Schaufler unentwegt schreiend in dem benachbarten Birkenbestand auf und ab. Sein ganzes Verhalten sollte ausdrücken: Hier kann gebrunftet werden! Heute abend, so ging es mir durch den Kopf, könnte es klappen. Was war ich schon mit Herrn M. herumgezogen, hatte mehrere Damwildrudel inspiziert, aber keinen passenden Schaufler gefunden. Die meisten waren zu jung, und manchmal hatte uns auch das stets wachsame Kahlwild einen Strich durch die Rechnung gemacht. Breite Schaufeln hatte der Hirsch und einen starken Träger. Am oberen Ende waren die Schaufeln deutlich nach innen gekippt, ein zumeist sicheres Ansprechmerkmal für einen alten Hirsch. Was seinem Geweih jedoch ein besonderes Gepräge gab, waren die unterhalb der Schaufeln nach hinten ausgebildeten Sprossen, die der Damwildjäger Dornen oder auch Schauflerhaken nennt. Sie waren auf beiden Seiten auffallend breit und zweigeteilt.

Mit dem Jagdgast, der seine Erregung nicht verbergen konnte, war ich, vorsichtig pürschend und jede Deckung ausnutzend, auf Schußentfernung durch den Bestand an das Rudel herangekommen. M. kniete nieder, strich an einer dickborstigen Birke an, und als der Schaufler einmal für einen Moment verhoffte, fiel der Schuß. Schlagartig riß es den Hirsch von den Läufen, und er versank im hohen Gras.

Erfreut über den glücklichen Schuß und uns der Beute sicher wähnend, näherten wir uns dem gefällten Recken. Eine mächtige Schaufel ragte aus dem grünen Halmenmeer hervor, und bald standen wir vor dem Schaufler, der am Rande eines niedrigen Brombeerstrauches zusammengebrochen war. Selten hatte ich solch eine starke Damhirschtrophäe im heimischen Revier gesehen. Gast M. war außer sich vor Freude und betrachtete von gebührendem Abstand aus seinen Hirsch. Mein Blick fiel zunächst auf die markanten, gegabelten Dornen. Diese waren nicht alltäglich. Dann suchte ich nach dem Sitz der

Kugel und fand schließlich auf dem starken Träger einen dicken Tropfen Schweiß. So war das Zusammenbrechen auf der Stelle durch einen Treffer auf die Wirbelsäule leicht zu erklären. Gerade wollte ich noch den Sitz der Kugel abtasten, da erschrak ich zutiefst; aus weitaufgerissenen, rollenden Lichtern äugte mich der Schaufler in seiner wie von Geisterhand auf den Boden gedrückten Haltung an. Schon kam Bewegung in seinen Körper. Statt nun sofort einen Fangschuß anzubringen oder ihn mit dem Messer abzufangen, standen wir beide wie angewurzelt da und starrten auf den Hirsch hernieder. Dieser nutzte unsere Untätigkeit, rappelte sich auf, und sprang mit hohen schnellen Fluchten auf und davon. Nicht auf die Wiese zu, sondern in entgegengesetzter Richtung durch den kleinen Bestand ins angrenzende Moor. Noch einen Schuß abzugeben war unmöglich.

Glücklicherweise hatte ich in der Nähe meine Conny am Riemen abgelegt, und als ich sie endlich schnallte, hatte der Hirsch schon einen beträchtlichen Vorsprung. Hell klang der Hetzlaut der flinken Hündin herüber und verlor sich schließlich in der Ferne. Nach einer Viertelstunde kam sie erschöpft und ausgepumpt zurück. Den Schaufler hatte sie sicher nicht gestellt, sonst wäre sie nicht nach so kurzer Zeit unverrichteter Dinge zurückgekommen. Aus anfänglicher, überschwenglicher Freude wurde tiefste Betrübnis. Am nächsten Tag arbeitete Förster A. noch einmal mit seiner erfahrenen Schweißhündin die Fluchtfährte aus. Wir fanden anfangs noch einige Tröpfchen Wildbretschweiß, dann nichts mehr. Der Schaufler hat das Revier verlassen, ohne ein Wundbett zu hinterlassen. Das war die Geschichte eines typischen Krellschusses.

Im darauffolgenden Jahr war am ‚Homannshof' keine ordentliche Damwildbrunft. Der Schaufler mit den gegabelten Dornen ward nicht mehr beobachtet. Obwohl ich mir keine Vorwürfe machen konnte, ließ mich der Gedanke doch nicht los, daß der Schaufler möglicherweise an der Schußverletzung verendet und in einer großen Dickung verludert sein könnte.

Andere Gäste kamen und versuchten ihr Glück. Eine vergebliche Pürsch auf einen Schaufler ist mir für immer im Gedächtnis haften geblieben. In aller Frühe war ich mit einem Jagdfreund im Begriff, einen schreienden Damhirsch anzugehen. Es war noch recht dunkel. Wir pürschten auf einem schmalen Waldweg, an dem immer so herrliche Steinpilze standen. Links säumte den Weg eine Baumreihe älterer Birken und Aspen, rechts begleitete uns ein schmales Laubgehölz, hinter dem sich eine große Blöße, der ‚Bokberg' auftat. Der Gast ging einige Schritte hinter mir her und hatte seinen Blick wohl mehr auf die Erde gerichtet, um nicht auf trockene Äste zu treten. Plötzlich sah ich vor mir eine Bewegung. Ein Mensch sprang von rechts nach links über den Weg. In der Hand hielt er einen längeren Gegenstand, vermutlich ein Gewehr. Hinter einer dicken Aspe nahm der Kerl Deckung. Mein Begleiter hatte den Vorfall nicht bemerkt und stapfte ahnungslos hinter mir her. Meine Waffe trug ich über der Schulter, und ich überlegte einen Augenblick, ob ich sie herunternehmen sollte, ließ sie dann aber dort, wo sie war. Mit gesteigertem Puls und klopfendem Herzen ging ich weiter, ohne meine Schritte zu beschleunigen und tat so, als habe ich den Mann nicht gesehen. So ging es an dem dicken Baum vorbei, und ich spürte förmlich die Blicke des Unbekannten auf meiner Haut.

Nach der nächsten Wegbiegung eröffnete ich meinem Freund, in welcher Gefahr wir uns soeben befanden, und ein Stein fiel uns vom Herzen. Heldenhaft war das, was ich gerade gemacht hatte, nicht sonderlich, aber in der Situation – glaube ich – das einzig richtige. Der Wilddieb hatte seine Chance zur Flucht erhalten und sie auch genutzt.

Es ist sicher einleuchtend, daß auf solch einem menschenleeren Areal wie einem Truppenübungsplatz gewildert wird. Nicht selten fanden wir Spuren der Wilddiebe. Das reichte von dem mit Kleinkaliberkugeln getroffenen Hirsch bis zu den in Fallgruben umgebrachten Wildschweinen. Eines Tages hörte ich in meinem Pürschbezirk einen Kugelschuß und machte mich sogleich in meinem Wagen dorthin, wo ich den Täter vermutete. Da kam mir auch schon mit hoher Geschwindigkeit ein roter Pkw entgegen. Darin saßen mit versteinerten Gesichtern zwei Männer. Nachdem ich abgebremst und gewendet hatte, nahm ich mit hoher Geschwindigkeit die Verfolgung auf. Die Kerle hatten inzwischen natürlich einen erheblichen Vorsprung, und auf den verschmutzten, staubigen Platzstraßen hatte ich Mühe, ihnen zu folgen. Da bogen sie endlich in eine feste Straße ein, an deren Ende sich ein bewachter Schrankenposten befand. Nun war ich guter Dinge, denn am Ende der Hatz mußten die beiden an der geschlossenen Schranke anhalten, und man konnte leicht ihre Personalien feststellen. So jedenfalls dachte ich. Schon sah ich in der Ferne das rote Wachhäus-

Jeweils morgens zur Strecke gebracht – der Widder

. . . und der Schaufler

Winterzeit macht tagaktiv – hier das Rotwild,

... dort das Schwarzwild

chen, den heruntergelassenen Schlagbaum und die Bremslichter meines Vordermanns. Da, ich traute meinen Augen nicht, hob sich die Schranke, und mit hoher Geschwindigkeit fuhr der rote Wagen unter ihr hindurch in die Freiheit.

Der Schlagbaum wurde an diesem Tag von einem jungen Wehrpflichtigen bewacht, und ich hätte in diesem Augenblick dem Uniformierten eine Ohrfeige verpassen können. Auf meine Frage, weshalb er vor dem fremden Fahrzeug die Schranke geöffnet habe, erklärte er freundlich und in rheinischem Dialekt, die Vorgesetzten hätten ihn vor Dienstantritt eindringlich ermahnt, niemanden in den Platz zu lassen, vom Herauslassen hätte aber niemand etwas gesagt. Vor soviel Logik mußte ich schließlich passen und konnte mir ein Lächeln nicht verkneifen. Genug davon.

Wieder war ein Jahr verstrichen und die hohe Zeit des Damwildes gekommen. Die Beamten und der Dienststellenleiter gaben sich alle Mühe, die beiden im Forstamt weilenden Gäste auf einen Damhirsch zu Schuß zu bringen, aber es wollte einfach nicht gelingen. Das Wetter spielte auch nicht mit; einmal war es zu warm, dann wieder regnete es anhaltend. Kein Wetter für die Brunft!

Endlich klarte der Himmel auf, doch ein kräftiger Wind fegte über Wald und Heide. Die Gäste waren abgereist und der Abschuß dem Forstamt zugefallen. So wollte ich es selbst einmal wieder auf einen Schaufler versuchen. Schon früh hatte ich den Hof verlassen, um noch im Dunklen das Damwildrevier zu erreichen. An verschiedenen Stellen hielt ich an und lauschte in die Finsternis. Kein Schaufler ließ sich hören. Endlich, am Homannshof, erklangen zwei Stimmen. Eine recht nah, die andere weiter entfernt und nur wahrzunehmen, wenn der böige Wind einmal etwas nachließ. Den vorderen Schaufler will ich gegen den Wind angehen. Noch ist es dämmrig, und Schritt für Schritt komme ich auf dem ausgefahrenen Weg der Stimme näher. Irgendwo muß vor mir in dem Laubgehölz der Schaufler sein, aber noch kann ich ihn nicht ausmachen.

Eine Bewegung veranlaßt mich, in die Knie zu gehen. Ein Alttier ist es, das da von mir wegspringt. Hat es den Jäger erkannt, oder weicht es nur dem Schaufler aus? Die schnarrende Stimme entfernt sich, ich warte ab und verharre in einer nicht gerade angenehmen Stellung. Kalt weht mir der Wind ins Gesicht, und ich fröstele. Ein weiteres Stück

Kahlwild kann ich im Bestand ausmachen, und da kommt auch schon der Schaufler zurück.

Endlich zieht die Röte der aufgehenden Sonne am Horizont hervor, und durch die Baumstämme kann ich den Umriß des Schauflers und sein Geweih erkennen. Ein alter Hirsch muß es sein, tief trägt er sein Haupt und stark ist sein Körper. Seine Schaufeln sind lang, haben aber wenig Breite. Die Schaufelenden scheinen kurz und stumpf zu sein. Der Entschluß ist schnell gefaßt: Das ist ein Ib-Hirsch, wie er ‚im Buche steht'! Ein paar Mal noch zieht der Alte auf und ab, dann habe ich ihn frei, fasse ihn mit dem Zielstachel am Trägeransatz und berühre den Abzug meines Stutzens. Eine ungelenke Flucht nach vorn, dann bricht der Hirsch zusammen. Langsam, das Glücksgefühl jeden Augenblick auskostend, schreite ich über Dürräste und trockenes Herbstlaub zu dem längst Verendeten. Zufrieden betrachte ich das Geweih, ha, da sind ja Dornen an beiden Schaufeln, und beide sind gegabelt. Ich schaue in den Äser, ohne ihn aufzuschärfen und fahre mit dem Zeigefinger über eine stumpfe, abgeschliffene Kaufläche. Zwölf Jahre ist dieser Heideschaufler gewiß alt, und ich bin sicher, es ist der zwei Jahre zuvor von dem Jagdgast M. gekrellte Hirsch. Das macht die Trophäe noch wertvoller.

In aller Ruhe breche ich den Schaufler auf, gebe ihm den letzten Bissen und stecke mir einen herbstbunten Bruch an den Hut. Gerade will ich den Heimweg antreten, da kommt flüchtig eine Rotte Schwarzwild auf mich zu. Voran eine starke Bache, dahinter mehrere, schon herbstlich braun verfärbte Frischlinge. Als dann jedoch noch ein einzelner Überläufer der Rotte folgt, nehme ich meine Büchse von der Schulter und lasse ihn über Kopf gehen. Es ist die besondere Stimmung dieses Morgens, die mich zu dem zweiten Schuß verleitet. Es ist sonst nicht meine Art, nach solch einem Erfolg noch einmal die Hand nach Beute auszustrecken. Aber die Jagdgöttin hat mir den goldenen Becher gereicht, und ich habe ihn in vollen Zügen ausgetrunken.

Jagdparadies Schorfheide

Schorfheide – kaum zu glauben, welche Faszination dieser Name auf die deutschen Jäger – und nicht nur diese – ausübt. Die Rominter Heide im ehemaligen Ostpreußen hat ihre Verehrer wie auch andere ehemalige Hofjagdreviere. Aber die Schorfheide ist doch etwas Besonderes. Als ein geschlossenes, nur knapp eine Autostunde nördlich von Berlin gelegenes Waldgebiet diente sie Markgrafen, Kurfürsten, Königen und Kaisern in der Vergangenheit als unübertroffenes Jagdrevier. In den dreißiger Jahren geriet die Heide als „Hermann Görings Jagdrevier" in die Schlagzeilen. Mit dem Zusammenbruch des Dritten Reiches war es ab 1945 zunächst still geworden um das berühmte Gebiet. Als Siegermacht veranstaltete die rote Armee großangelegte Treibjagden und schoß mit Maschinengewehren auf das gehetzte Wild. Die Elch- und Wisentgehege wurden zerstört und diese nach 1933 eingesetzten Wildarten ausgerottet.

Doch in den sechziger Jahren erinnerten sich die damaligen Machthaber Ostdeutschlands des einstigen Staatsjagdreviers und richteten unter der Regie eines Militärforstbetriebes ein Sonderjagdgebiet mit einer Fläche von gut 20000 Hektar ein, das vollständig eingezäunt wurde. Daß es dort im Laufe der Jahre zu teilweise drastisch erhöhten Wildbeständen kam und durch die Repräsentanten der ehemaligen DDR-Regierung Honecker, Sindermann und Mielke die Jagd geradezu pervertiert wurde, haben in ihrem ganzen Ausmaß wohl nur wenige Eingeweihte gewußt. Wir westdeutschen Jäger schon gar nicht!

Und was es da für Auswüchse gab: Jagd- und Schonzeiten wurden von der DDR-Politprominenz nicht eingehalten, meist wurde vom Auto aus gejagt, ohne sich um das erlegte oder krankgeschossene Wild zu kümmern, Fütterungen wurden zu Schießplätzen degradiert, teilweise sogar unter Zuhilfenahme von künstlicher Beleuchtung, für die Wildäsungsflächen wurden künstliche Beregnungsanlagen installiert, kurzum, die Trophäensucht und das Schießvergnügen kannten in spießerhafter Raffgier keine Grenzen.

Es hat der Jagd noch nie genützt, wenn sie für politische Ziele mißbraucht wurde. So haben jetzt, da wir wieder ein Volk sind, nicht nur die ostdeutschen Jäger, sondern sicher auch das Wild das auszubaden, was ihnen vierzig Jahre sozialistischer Mißwirtschaft angetan haben.

Was waren das doch für aufregende Tage, als im Herbst 1989 der „Eiserne Vorhang" fiel und sich die Grenzen zwischen Deutschland-Ost und Deutschland-West öffneten! Meine engen persönlichen Bindungen zu dem östlichen Teil unseres Vaterlandes waren nie erlahmt, waren doch meine Eltern und Großeltern nach dem Kriege auf der Flucht aus dem sogenannten Warthegau und Schlesien in der damaligen sowjetischen Besatzungszone steckengeblieben und hatten in der Altmark wieder Wurzeln geschlagen. Bevor ich als Schüler allein nach Westberlin übersiedelte, hatte ich die Oberschulen in Neuhaldensleben und Gardelegen besucht, und es war schon ein merkwürdiges Gefühl, nach all den Jahren zum ersten Mal wieder die Stätten jugendlicher Vergangenheit aufzusuchen. Das väterliche Forsthaus in der Nähe der Letzlinger Heide, von dem aus ich meinen Weg ins spätere Leben gegangen war, fand ich bei meiner ersten Fahrt über die offene Grenze leer und unbewohnt vor, aber vieles erinnerte daran, wo wir als Jungen spielten.

Die Jäger aus Ost und West fanden schnell wieder zueinander Kontakt. Die Jagdzeitschrift „Wild und Hund" hatte zum Bundesjägertag 1990 den Slogan ‚Jäger sprechen eine Sprache' herausgegeben, und nichts traf die jagdliche Situation besser als dieser Spruch. Durch einen Berufskollegen bekam ich Kontakt mit Forstleuten aus der Schorfheide. Besuche und Gegenbesuche galten zunächst forstlichem Gedanken- und Erfahrungsaustausch. Doch wie es bei solch einem geschichtsträchtigen und sagenumwobenen Jagdparadies nicht anders sein kann, reizte es mich, die Schorfheide auch jagdlich zu entdecken.

Von der Landschaft war ich schon von den forstlichen Exkursionen her beeindruckt: Auf den armen Sandböden geschlossene Kiefernwälder, soweit das Auge reicht. Aber auf besseren Böden, besonders im Süden um den Werbeliensee herum und in den Mulden und Senken finden wir wunderschöne Eichenbestände mit Birke und Erle. Beeindruckend sind in der Schorfheide die vielen Seen und Moore, die nicht nur seltene Pflanzen beherbergen. Hier horsten noch See- und Fischadler, Schwarzstorch und Kranich, und im Wasser tummeln sich Biber und Fischotter. Ein wahrhaft schützenswertes Gebiet, das unter dem Anstieg des Erholungs- und Ausflugsverkehrs zu leiden beginnt. Wo immer die touristische Nutzung die Überhand gewinnt, wird die Natur das Nachsehen haben.

Die letzte DDR-Regierung hatte noch beschlossen, aus dem Staatsjagdrevier ein Biosphärenreservat zu machen, ein schreckliches Wort, das man auch mit Naturschutzgebiet umschreiben könnte. 1936 war die Schorfheide nach den Formulierungen der damaligen Zeit als Reichsnaturschutzgebiet ausgewiesen worden, durch preußisches Gesetz vom 25. 1. 1936. In der Präambel heißt es: „Die Stiftung soll der Erholung des Deutschen Volkes dienen, dem Gedanken des Reichsnaturschutzgesetzes folgend den Sinn für Naturverbundenheit vorwiegend bei der großstädtischen Bevölkerung wecken und vertiefen sowie von den Fortschritten der Kultur bedrohten Tier- und Pflanzenarten ein Schutzgebiet zu schaffen." Nicht viel anders sind Sinn und Zweck heutiger Naturschutzgebiete.

Nach der Auflösung des Staatsjagdrevieres Schorfheide entstanden auf dessen Gebiet drei neue Jagdgesellschaften nach dem bisherigen Jagdrecht der DDR. Diese werden solange Bestand haben, bis das Jagdrecht nach Bundesrecht von dem Grundeigentümer, hier der Staatsforstverwaltung, ausgeübt wird. Das soll nach dem Einigungsvertrag spätestens am 31. März 1992 der Fall sein.

Kurz nach den politischen Veränderungen im November 1989, als man noch davon ausging, daß die DDR zunächst als Staatsgebilde erhalten bleiben würde, stellten die Jäger der DDR unter anderem die Forderung auf, daß eine Kommerzialisierung des Jagdwesens unbedingt verhindert werden müsse. Also keinen Abschuß von Trophäenträgern gegen Gebühren, auch nicht gegen Devisen! Noch vor der Wiedervereinigung rückten die Jagdgesellschaften jedoch von dieser Forderung ab. So bat mich der Leiter einer der Schorfheider Jagdgesellschaften, ihm bei der Vermittlung von Abschüssen an westdeutsche Jäger behilflich zu sein, was ich gerne tat.

An einem Wochenende im September ging es erstmals mit zwei Jagdfreunden über die hoffnungslos überfüllte Autobahn Helmstedt-

Berlin los mit dem Ziel Groß-Schönebeck, das im Südwesten der großen Heide liegt. Im nordöstlichen deutschen Sprachraum werden übrigens die Wälder im Volksmund zumeist mit Heiden bezeichnet, sie haben nichts mit der von Hermann Löns vielbesungenen Heide zu tun, einer Landschaftsform, die überwiegend von dem rotblühenden Heidekraut (Calluna vulgaris) geprägt wird.

Meinen Begleitern und mir ging es nicht darum, Beute zu machen, koste es, was es wolle. Nein, die Aussicht, in einem fremden und bisher verschlossenen Revier jagen zu dürfen, ließ Vorfreude und gespannte Erwartung aufkommen. „Stell dir vor, wir werden dort die Büchse führen, wo einst Kaiser Wilhelm und Hermann Göring gejagt haben", rief Freund Henry, und schmetterte das Lied von der Märkischen Heide und dem roten Adler in die abgasträchtige Luft, derweil Freund Christoph mit einem Schluck Mosel die innere Anspannung zu überbrücken suchte. Er vergaß dabei auch nicht zu erwähnen, daß er den Wein, den er als Mitbringsel eingepackt hatte, schließlich zuvor verkosten müsse.

Herzlich die Begrüßung auf der Oberförsterei, und schon hatte jeder der „Wessis" einen „Ossi" als Führer, und ab ging es ins Revier. Es war leichter und angenehmer, das Gespräch mit unseren Landsleuten auf Jagd, Wild und Wald zu lenken als auf die politische Vergangenheit von diesem oder jenem. „Schließlich", so bekam man meist zu hören, „haben wir alle doch nur unsere Pflicht getan, und manchmal noch ein bißchen mehr." Jedenfalls – so meine ich – steht es uns schlecht an, die wir in einer geordneten, demokratischen Welt unseren beruflichen und persönlichen Weg gegangen sind, über unsere vierzig Jahre in Unfreiheit gehaltenen Mitbürger vorschnell zu urteilen.

Der erste Abendansitz brachte allen Anblick, aber kein Waidmannsheil. Zu meiner großen Freude erkannte ich den Ansitzplatz von einem vorherigen Besuch im Sommer wieder, als mich ein Berufskollege dorthin geführt hatte. Wir hatten damals auf der langgestreckten, von Laubholz umgebenen Waldwiese einen unvergeßlichen Anblick gehabt: Vor uns, in der letzten Abendsonne, stand ein vielköpfiges Rudel von Damhirschen aller Altersklassen und äste eifrig das frische Grün. Die Schaufler waren noch im Bast, und man konnte sich schon ausmalen, wie sie im Herbst mit blankem Hauptschmuck aussehen würden. Wie gesagt, ich hatte diesen reizvollen Winkel gleich wiedererkannt, denn mir geht es leider so, daß ich bestimmte Bäume, Baumgruppen oder sonstige Landschaftsteile zwar noch nach Jahren wiedererkenne, bei Menschen, die mir einmal begegnet sind, da habe ich schon nach kurzer Zeit so meine Probleme.

Ich hatte mir im August ausgemalt, wie es wohl sein würde, wenn ich mir aus dem starken Rudel einen passenden Schaufler hätte auswählen dürfen. Jetzt war Jagdzeit, aber das, was ich am Abend dort sah, war ‚junges Gemüse', waren einige geringe Löffler und Kahlwild. Ein Rudel Muffelwild wechselte über die Fläche auf uns zu, äste nur kurz ein paar Halme vor der Kanzel, um dann bald im hohen Holz zu verschwinden. Pilzsucher – das bemerkten wir bald – hatten das Wild locker gemacht.

Der nächste Morgen sah uns schon recht früh auf einer der die große Wiese umgebenden Kanzeln. An deren aufwendiger Bauweise hatten es die vorherigen Jagdherren nicht fehlen lassen. Aber der Zweck heiligt bekanntlich die Mittel, und sinnvoll sind stabile, verblendete und sichere Hochsitze allemal. Im Morgendunst sahen wir Rotwild – Alttier, Kalb, Spießer – und ein Damtier. Die Brunft der Rothirsche schien Mitte September noch nicht so weit zu sein wie bei uns daheim in der Lüneburger Heide, nur ganz selten und weit entfernt konnten wir einen Hirsch anstoßen hören.

Also runter von der Leiter und auf Pirschpfad und Waldweg gegen den Wind gepirscht, so leise es geht. Da, im leichten Frühdunst bewegt sich doch etwas; Damhirsche! Von einer Kanzel aus, die nur fünfzig, sechzig Meter vor uns am Waldrand steht, wär eine gute Schußentfernung. Ich bitte meinen Begleiter zurückzubleiben und achte bei jedem Schritt nach vorn, daß ich nicht auf eins der auf dem Boden liegenden trockenen Pappelblätter trete. Endlich ist es geschafft, die Leiter ist erreicht und oben bin ich. Die Schaufler, sieben an der Zahl, sind zwischenzeitlich weitergezogen und scheinen nun doch dem Einstand zuzustreben.

Fünf der Geweihten sind ohne Fehl und Tadel, also tabu. Von den beiden älteren ist einer ein Vollschaufler, ein rechter Ia-Hirsch, den ich nicht schießen mag. Aber der letzte der beiden, der hat eine tief in die Schaufel reichende Einbuchtung, das ist ein Abschußhirsch, wie er im Buche steht. Jägerherz, was begehrst du mehr? Mit der 6,5 × 68 sind die zweihundert Meter Schußentfernung kein Problem. Der Schuß fällt, der Schaufler zeichnet, wendet ein wenig, und schon zeigt er die helle Unterseite.

Donnerwetter, was hatte mich doch das Jagdfieber gebeutelt, als nun der ersehnte Schorfheide-Schaufler lag! Der Oberförster ließ mir Zeit, mich meiner Beute zu erfreuen und Wild und Schuß von allen Seiten zu betrachten. Hier drängte niemand zum schnellen Aufbrechen und Aus-dem-Walde-Eilen, wie ich das vom Truppenübungsplatz her gewohnt bin, weil das Scharfschießen der übenden Truppen die Luft bleihaltig macht. Ja, aufbrechen wollte ich mein Stück schon alleine, und ich merkte meinem Jagdführer an, daß das entgegen den bisherigen Gepflogenheiten war. „Herr Professor", sagte er, „das kann ich doch machen, da müssen Sie sich doch nicht die Hände schmutzig machen!" Den wohlklingenden Titel hatte er mir schon Anfang unseres Zusammentreffens gegeben, und ich konnte mich nicht dagegen wehren. Für ihn sind alle Jagdwissenschaftler Professoren, und damit basta!

Man glaubt ja gar nicht, was in den viel geschmähten und von uns Westlern so geringschätzig betrachteten Personenkraftwagen Marke Trabant – kurz Trabi genannt – alles hineingeht. Jedenfalls verschwand der ausgewachsene Damhirsch spielend darin, und frohgemuts strebten wir der zentralen Wildkammer der Jagdgesellschaft entgegen. Die Freunde hatten noch nichts erlegt, der Christoph jedoch einen abnormen Achter vorbeigeräuchert, den er auf Drängen seines Führers auf weite Entfernung beschossen hatte.

Nun war vormittags Zeit, die schöne Umgebung der Schorfheide zu erkunden. Neben dem mächtigen Bauwerk des ehemaligen Klosters Chorin, auf dessen kleinen Friedhof wir zu unserer Überraschung das Grab des bekannten, im Jahre 1932 verstorbenen Waldbau-Professors Alfred Dengler fanden, beeindruckte uns der in seiner ursprünglichen Form noch vollständig erhaltene Bahnhof Werbelinsee. Von hier aus pflegte Kaiser Wilhelm II. in die Schorfheide zur Jagd zu fahren. Der Bahnsteig, die Gebäude, alles noch so, wie es um die Jahrhundertwende erbaut wurde. Lesen wir einmal in ‚Wild und Hund' aus dem Jahre 1912: „Am Sonntag, dem 13. Oktober, trafen die beiden Majestäten aus Danzig kommend, im Sonderzug früh 8 Uhr 12 Min. auf dem Bahnhof Werbelinsee in der Mark ein, um sofort im Auto nach Schloß Hubertusstock weiterzufahren, wo bis Sonnabend, den

19. Oktober, Wohnung genommen wurde, um die Jagd auf Hirsche auszuüben. Das Wetter war sonnig und nicht kalt. Die Majestäten sahen mehrere Gäste zur Mittagstafel bei sich, ebenso waren die fünf Oberforstbeamten hierzu eingeladen, mit denen Se. Majestät die Pirschfahrten in deren Revieren besprach ... Se. Majestät hat, vom guten Wetter begünstigt, erlegt: 1 20-, 1 18-, 6 16-, 7 14-, 7 12-, 2 10-Ender = 24 Rothirsche, die sich auf die Oberförstereien wie folgt verteilen: Grimnitz 11 Hirsche, Reiersdorf 5 Hirsche, Pechteich 4 Hirsche, Groß-Schönebeck 1 Hirsch, Zehdenick 3 Hirsche. Erlegt mit 8mm-Fernrohr-Büchse und S-Vollmantelgeschoß, 3,20 g M. B. Pulv. Die Brunft war bei Ankunft Sr. Majestät beendet, und es war deshalb schwer, einen bestimmten Hirsch sicher zu bestätigen, weil sie sich fortwährend verstellten. Das Wild kommt auch hier gut in den Winter. Die Damwildbrunft ist in vollem Gange und infolgedessen das Damwild sehr unruhig. Die vielen Pilze sind auch hier eine vom Wild sehr gern genommene Äsung." Soweit der Autor jener Zeit.

Geblieben sind das Rotwild, Damwild und die Pilze, die in der Brunft 1990 so zahlreich waren wie selten zuvor. Ganze Völkerscharen ergossen sich in den Wald, und jeder glaubte, nun nach der Wende sei es jedem Bürger erlaubt, das einst abgesperrte Staatsjagdrevier betreten und beunruhigen zu können, soviel er nur wollte. Die Förster waren Anfeindungen und sogar tätlichen Angriffen ausgesetzt und mußten sich als „Stasischweine" beschimpfen lassen. Wir sind schon ein Volk!

Abends ging es wieder ins Revier hinaus. Die Brunft wurde besser, die Hirsche schrien. Wir machen zu dritt eine Pirschfahrt mit dem Trabi durchs Revier. Meine Frau macht sich auf den hinteren Sitzen ganz klein, denn mit muß sie. Auf einer Äsungsfläche sehen wir einen alten Hirsch mit einem starken Rudel Kahlwild, Kronenzehner vom zehnten Kopf und älter. Ein Hirsch, den man jedem Gast hätte anbieten können, aber er reizte mich nicht.

Dann Pirsch durch eine Kieferndickung. Plötzlich tut sich ein begrünter Feuerschutzstreifen auf. An seinem Ende steht ein Schirm, wir zwängen uns hinein. Da, gegen Süden steht auf weite Entfernung ein Stück Rotwild, ein Hirsch. Und was für ein Hirsch! Ein weit ausgelegter Kronenzwölfer mit dünnen, aber gut vereckten Stangen. Aber das Geweih war nicht das, was ich zuerst bemerkte: Der Hirsch war stark abgekommen, rappeldürr, die Flanken eingefallen, und die Knochen schauten aus den Keulen hervor. Noch ehe er in die Dickung einziehen konnte, ließ ich die Kugel fliegen. Das ging meinem Begleiter zu schnell, so daß er von dem Schuß mehr als überrascht war. Ich hatte im Zielfernrohr gesehen, daß der Hirsch gut gezeichnet hatte, aber Zweifel bleiben natürlich, wie immer, wenn das Stück nicht liegt.

Zweihundertfünfzig Meter hatte ich abgeschritten, da sah ich einen Wechsel und vermutete, daß der Hirsch hier hineingeflüchtet sein müßte. Aber wir fanden kein Schnitthaar und keinen Schweiß. Es gibt ja in solch einer einförmigen Kieferndickung keine Besonderheit, an der man sich orientieren könnte. Während ich mit dem Oberförster noch suchte und suchte, hatte sich meine Frau heimlich fortgestohlen, war die Schneise noch knapp fünfzig Meter weitergegangen, fand Schweiß und folgte diesem wie ein Schweißhund und stand alsbald vor dem verendeten Hirsch. Der Ruf „Hirsch tot" ließ uns aufhorchen und zu dem Fundort eilen. Tatsächlich, da lag der alte Recke, eisgrau sein Gesicht, stumpf und fahl die Decke. Keine neunzig Kilo brachte er mehr auf die Waage. Was war die Ursache seines elenden Zustandes? Beim Aufbrechen sollte ich es erfahren: Aus einer offenen, eitrigen Wunde auf der linken Keule trat übelriechende Flüssigkeit hervor. Die Wunde konnte von einem Forkelstich herrühren, vielleicht auch von einem üblen Schuß. So war ich überglücklich. Nicht nur über den guten Schuß und die ansehnliche Trophäe, nein, im Grunde meines Herzens war ich froh darüber, als Jäger einer gequälten Kreatur weitere Leiden erspart zu haben.

Daß die ein Meter fünfzehn langen Stangen relativ wenig Masse zeigten, dafür hatte der Jagdleiter eine plausible Erklärung: Das Schalenwild wurde zu Zeiten Honneckers reichlich gefüttert. Man spricht von zwei Kilo Kraftfutter je Tier und Tag. So mußte das Wild zwangsläufig eine ungeheure Umstellung in seinen Lebensgewohnheiten ertragen, als nach der Wende die Wildfütterung mit einem Schlage eingestellt wurde. Das war es, was ich zuvor andeutete: Daß nämlich auch das Wild Auswüchse bei der Jagd auszubaden hat. Die Jagdwissenschaftler in Eberswalde erkannten sofort, daß das an die Fütterung gewöhnte Rot-, Dam- und Muffelwild mit ungeheuren Schäden im Walde auf den Futterentzug reagieren würde und empfahlen eine Reduzierung der Futtermengen, nicht aber eine totale Einstellung, bis der Wildbestand auf ein tragbares Maß eingependelt wäre. Aber dazu fehlte es den Jagdgesellschaften an Geld. Das kam erst herein, als die ersten Abschüsse verkauft wurden. Woran sich unschwer ablesen läßt, daß auch Jagdtourismus für Wild und Jagdbetrieb seine guten Seiten hat.

Folglich fehlte es auch nicht an Stimmen, die das Auftreten finanzstarker westdeutscher Jäger in den einstigen Sonderjagdgebieten mit Mißtrauen begleiteten. Neid kam auf und Mißgunst. Manchmal nicht zu Unrecht, wenn man das Gebaren einiger grünbetuchter Wohlstandsbürger aus dem Westen mit ansehen mußte. Da weigerten sich einige, das von ihnen erlegte Wild selbst aufzubrechen, denn „dafür bezahlen wir schließlich Abschußgebühren". Andere meinten: „Euern roten Herren habt Ihr auch das Wild aufgebrochen, also könnt Ihr es auch für uns tun." Den Gipfel der Geschmacklosigkeit leistete sich wohl ein dickwanstiger Großhändler aus dem Norden unserer Republik: Während des Tottrinkens seines ersten Rothirsches und nachdem einige Bierchen sein ohnehin schon rotes Gesicht noch feuriger hatten erscheinen lassen, übertönte er seine Zechkumpanen mit der ihm sicher geläufigen Frage: „Gibt es denn keine Weiber hier?"

Schwamm drüber! In dem bekannten Jagdschloß Hubertusstock, in dem wir während der Jagdtage in der Schorfheide Quartier bezogen hatten, ging es jedenfalls gesittet und ordentlich zu, auch wenn oder gerade weil der Wirt schon zu Zeiten gedient hatte, als politische Größen wie Helmut Schmidt, Leonid Breschnjew oder Fidel Castro Gäste von Erich Honnecker in dem alten kaiserlichen Jagdschloß waren.

Unvergeßlich werden mir die Stunden im Hubertusstock bleiben, als wir – ost- und westdeutsche Jäger mit unseren Ehefrauen – in der Nacht vom zweiten auf den dritten Oktober 1990 in froher Runde auf den Augenblick der Wiedervereinigung Deutschlands warteten. Es war fast wie zu Silvester: Pünktlich um Mitternacht knallten die Sektkorken, das Fernsehen übertrug, begleitet von Glockengeläut und Böllerschüssen, das denkwürdige Ereignis: Wir sind wieder ein Volk! Gar nicht auszudenken, wenn man diese historische Stunde verschlafen hätte. Wir lagen uns in den Armen und wünschten dem vereinten Deutschland eine gute Zukunft, der deutschen Jagd nicht minder.

Eigentlich hätte ich allen Grund gehabt, an diesem zweiten Oktober früh zu Bett zu gehen. Schon zeitig in der Frühe hatte ich mich auf leisen Sohlen, um nur meine Frau nicht zu wecken, aus dem Hotelzimmer gestohlen, war in der Dunkelheit durch den herbstlich feuchten Wald gefahren, und traf in dem Fleckchen Groß-Schönebeck mit dem jungen Förster S. zusammen.

Unser gemeinsames Ziel war eine große Waldwiese im Norden des Jagdbezirks. Den knatternden Trabi stellten wir im Hochwald ab und pirschten gen Wind und Westen der Niederung entgegen. Doch – oh Schreck – je mehr wir uns dieser näherten, desto dunstiger wurde es. Fast machte es den Eindruck, als würde mit dem aufkommenden Tageslicht der Nebel zäher und undurchsichtiger werden. Kein Laut war im Wald zu hören, aber auf der Wildwiese schrien die Hirsche, als sei die Brunft noch einmal richtig aufgeflammt. Ganz nah am Waldrand sah man die Schemen einzelner Tiere, und wir hofften schon, ganz leise auf dem Pirschpfad am Rudel vorbeischnüren zu können, da ertönte der dumpfe Schrecklaut eines der alten Tiere, und noch tiefer in den Nebel hinein verzog sich das Wild ganz ohne Hast und Eile.

Doch unser Interesse galt heute nicht dem Platzhirsch. Der hatte längst wieder sein Rudel um sich geschart und schrie aus vollem Halse. Ein Beihirsch jedoch, der im Schutz des Waldes auf unserem Pirschpfad gestanden haben mochte, als wir mit ihm zusammentrafen, der verstummte augenblicklich und ging flüchtig ab. Nein, hier auf dieser frischen Äsungsfläche wollten wir das Muffelwild erwarten und, wenn möglich, einen passenden Widder jagen. In diesem Gebiet gaben sich die Muffel morgens gern ein Stelldichein, wie mir mein Begleiter zuraunte. Er selbst hatte am Tag zuvor auf der Fläche ein stärkeres Rudel Schafe und einige Widder verschiedener Altersstufen gesehen. Auf so einen alten Gehörnträger wäre ich, als krönenden Abschluß meiner spätherbstlichen Jagdtage in der Schorfheide, schon gern zu Schuß gekommen.

Aber es sah am Morgen des zweiten Oktobers nicht danach aus. Zwar bestiegen wir einen der stabilen Hochsitze und äugten angestrengt in die uns umgebende milchig-trübe Nebelschicht, aber es hätte schon ein Zufall und eine besondere Laune der Jagdgöttin Diana sein müssen, hätte plötzlich in diesem engen Gesichtsfeld ein Muffelwidder gestanden.

In einem in der Nachkriegszeit erschienenen Buch über die Schorfheide steht zu lesen, daß der ehemalige Reichsjägermeister in den letzten Jahren seines Jägerlebens in der Heide insbesondere der Jagd auf den Muffelwidder vor allen anderen Wildarten den Vorzug gegeben hat. Wenn man bedenkt, wie unstet, scheu und unberechenbar gerade alte Widder sind, kann ich solche Empfindungen schon nachvollziehen. Aber ich wollte ja nur einen Widder, und mit dem hatte es die Tage zuvor nicht klappen wollen. Einmal war nachmittags ein Rudel Muffelwild gekommen, und es waren auch einige Widder darunter. Aber gerade in diesem Augenblick saß ich allein auf der Kanzel. Der mich begleitende Oberförster war gerade ein paar Augenblicke zuvor verschwunden, um, wie er sagte, mal nachzusehen, ob auf einer anderen Freifläche Wild stünde. Vielleicht wollte er auch nur seine Hose wenden und war zu vornehm, um es mir so deutlich zu sagen. Egal wie, ich wagte es nicht, allein auf einen der wie mir schien noch nicht sehr alten Widder Dampf zu machen, und ließ sie ziehen. Als der alte Herr dann sichtlich erleichtert wieder bei mir erschien – Wild hatte er keines gesehen – sagte er nur: „Ach hätten Sie doch geschossen, wer weiß, ob es später noch klappt!" Dieses „Ach hätten Sie doch nur geschossen", wird mancher Jagdgast schon vom Jagdherren gehört haben, wenn er von einer Begegnung mit einem interessanten Wild berichtet. Ob es immer so gemeint ist, mag dahingestellt bleiben.

Ein anderes Mal stand urplötzlich ein wahrhaft imponierender Widder vor uns. Der Kreisbogen der Schnecken war voll geschlossen, und die Schlauchspitzen zeigten steil nach oben. Meine leise Frage an den begleitenden Förster, was der wohl an Abschußgebühren kosten würde, beantwortete dieser mit ‚Goldmedaille', und dann folgte der Betrag, der mich einer Illusion beraubte und dem Widder das Leben rettete.

Zurück zu dem Nebelmorgen: Es mag sieben Uhr und damit für ein weiteres Verweilen auf dem Hochsitz eigentlich schon zu spät gewesen sein, als Förster S. mich auf anwechselndes Muffelwild aufmerksam machte. Sehen konnte ich nichts, aber in der Tat, wenn man genau hinhörte, vernahm man sich näherndes Schafgeblöke. Die tiefen Töne mußten den führenden Schafen zuzuordnen sein, die hellen Stimmchen den Lämmern. So hielten sie trotz des dichten Nebels ständig Kontakt miteinander, und es dauerte auch nicht lange, da wurde schemenhaft eines der Muttertiere sichtbar. Es zog ein wenig näher, ein weiteres

Schaf tauchte auf, doch dann war mit einem Mal die Gesellschaft wieder verschwunden, und niemand wußte, warum. Hatten sie Wind von uns bekommen oder ein Geräusch vernommen? Vorsichtig sind die Muffel allemal.

Zeit zum Aufbrechen, Zeit zum Rückzug. Weil die Sicht im Walde aber wesentlich besser und der beginnende Herbsttag in dieser zauberhaften Umgebung es einfach erforderte, ihn draußen noch ein Stündchen zu genießen, genehmigten wir uns noch eine kleine Pirschfahrt. Förster S. konnte mir die Schönheiten seines Revieres zeigen, und wir plauderten darüber, wie man diesen oder jenen Bestand künftig waldbaulich behandeln könnte. Auf einem Schneisenkreuz hielten wir an und wollten gerade durch einen herbstlich bunten Laubmischwald pirschen, in dem die herabfallenden Tautropfen jeden Schritt übertönten, als ich zu meiner Rechten ein Rudel Muffelwild entdeckte. Schaf, Schmalschaf und Lamm, und, von einem umgebrochenen Birkenstamm leicht verdeckt, ein Widder. Auffallend war die Weißfärbung seines Hauptes, die vom Windfang bis zu den Lichtern hinaufreichte und das Gesicht fast ganz weiß erscheinen ließ. Das konnte nur ein Alter sein, und daß er länger als sonst üblich verhoffte, mag nur dem Umstand zuzuschreiben sein, daß er sich in dem dichten Bestand sicher fühlte. Schon setzte sich das weibliche Wild in Bewegung, und auch der Widder sprang ein wenig hinter der Deckung hervor, da warf ihn meine Kugel aus der 6,5 × 68 zu Boden.

War das eine Freude, als wir ihn näher betrachteten. Im siebten Jahr stand er, und stark waren die Schläuche. Es wäre sicher eine Trophäe der Silbermedaillenklasse, wenn nicht die Spitze der rechten Schnecke abgekämpft wäre. Aber das hatten weder der Förster noch ich vor dem Schuß gesehen, und es störte mich überhaupt nicht, auch konnte es die Freude an dem unverhofften Waidmannsheil nicht schmälern. Im Gegenteil! Ich darf noch einmal dem Leser ins Gedächtnis zurückrufen: Wir standen einen Tag vor der Wiedervereinigung Deutschlands. War das vielleicht einer der letzten oder gar der letzte in der DDR erlegte Muffelwidder? Wer will das schon wissen, ich jedenfalls schätze diese Trophäe deshalb ganz besonders. Ehe wir des Nachts auf das vereinigte Deutschland anstießen, leerten wir manches Glas auf den alten, weißköpfigen Widder und die glücklichen Umstände, die es uns deutsche Jäger ermöglichten, wieder gemeinsam zu jagen.

Schalenwildbewirtschaftung im Spannungsfeld von Tradition und Ideologie

Kürzlich hörte ich auf einer Jägerversammlung, wie ein Jagdfunktionär leidenschaftlich für die Erhaltung der Jagd auf unser Niederwild eintrat. „Denn“, so rief er in den Saal, „wollt ihr eines Tages nur noch den Großen Braunen Rindenfresser (sprich: das Rotwild) oder den Konzentratsselektierer (also das Rehwild) regulieren?“ – Recht hatte der Mann, denn die fast völlige Konzentration der Jäger auf die Schalenwildjagd führt zu einer beklagenswerten Einseitigkeit im jagdlichen Handeln. Doch ist und bleibt die sachgerechte Bejagung des Schalenwildes eine wichtige Aufgabe des Jägers unserer Tage, die uns auch so schnell nicht streitig gemacht wird. Auch nicht durch wechselnde Mehrheiten in den Parlamenten. Wie sagte doch einer der niedersächsischen GRÜNEN: „Wir sind der Auffassung, daß es Zeit wird, den muffigen und verstaubten Saustall ‚Jagdwesen‘ einmal auszumisten und endlich den heutigen Erfordernissen anzupassen. Das Ziel darf jedoch nicht etwa die Abschaffung der Jagd sein, im Gegenteil!“

So will ich mich im folgenden einmal nur mit dem Schalenwild befassen. Viel Widersprüchliches hören wir derzeit über die von uns praktizierte Wildbewirtschaftung. Die einen meinen, daß wir mehr wildbiologische Forschung treiben müssen, um mehr über das Beziehungsgefüge zwischen Wald und Wild zu erfahren. Die anderen sind der Auffassung, wir wüßten über unser Wild längst genug, wir müßten nur langsam damit anfangen, die Probleme durch beherztes Handeln zu lösen. Mit unseren traditionellen jagdlichen Methoden, so tönt es gerade aus Kreisen mancher Waldbesitzer und Forstleute, sei dem Schalenwildproblem nicht mehr beizukommen.

Ich will ein wenig in die Vergangenheit zurückgreifen: Liest man in alten Jagdbüchern, die vor mehr als einhundert Jahren geschrieben wurden, fällt auf, daß die Autoren neben der meist mangelhaften Beschreibung der Wildarten vorwiegend in ganzer Breite die Jagdmethoden schildern, mittels derer man des Wildes habhaft werden kann. Die angewandten Jagdpraktiken jener Zeit waren meist nicht zimperlich. Wie sollte auch in einer Zeit, in der ein Menschenleben wenig galt, gerade einem Wildtier Achtung und Toleranz widerfahren? Caspar Rohrdorf („Der Schweizer Jäger“, 1835) etwa schreibt zur Rehjagd: „Am schnellsten, aber auch am grausamsten geht die Jagd auf Rehe zu Ende, wenn es einen Schuh tiefen Schnee hat, auf welchen es geregnet hat, und dann wieder gefroren ist, die Hunde trägt, allein die Rehe einfallen. Innert einer Stunde habe ich bei einem solchen Schnee fünf Stück gefangen. An ihren Läufen war alles bis auf die Knochen von der Eiskruste abgeschnitten und die armen Tiere schrien vor Schmerzen und Angst.“ Und weiter: „Auch auf die Salzlecke kann man die Rehe gewöhnen, und da nach Belieben schießen.“

Daß bei solcherlei Jagdmethoden der Wildbestand nicht ausuferte, läßt sich denken. Lassen sie mich noch einmal C. Rohrdorf zur Rotwildjagd zitieren: „Wenn ein Hirsch zu uns kommt, wird sogleich auf denselben, wie auf ein reißendes Tier, Jagd gemacht; und es ist gleich, was es ist, die Hauptsache ist, denselben zu erlegen.“ Wir brauchen über die alten Schweizer Jäger gar nicht die Nase zu rümpfen: Noch in den dreißiger Jahren – so las ich in einer Chronik – machten die Bauernjäger in der Lüneburger Heide auf jedes eingewechselte Stück Rotwild – und war es nur ein Schmaltier – so lange Treibjagden, bis sie es endlich hatten. Doch diesem Tun lag nicht die Sorge um den Wald zugrunde, wie es heutzutage bei den Forstleuten der Fall ist, wenn sie die Reduzierung oder gar Ausrottung des Rotwildes fordern, sondern es war die reine Befriedigung eines Beutetriebes.

Tierliebe und Tierschutz werden heute großgeschrieben. Der Mensch unserer Tage hat, wie mir scheint, in seinem Verhältnis zum Tier mitunter das rechte Maß verloren. Auch die Jäger sind davon betroffen. Wer schießt schon gern ein geflecktes Kalb, den gestreiften Frischling oder den drollig vor dem Bau spielenden Jungfuchs. Ich jedenfalls nicht. Doch ist es recht, wenn von Tierschützern in naiver Polemik der Tod von über sechs Millionen Wildtieren durch Jägerhand beklagt wird? Liegt nicht auch hierin eine der vielen Ursachen des Ansteigens der Schalenwildbestände in manchen Regionen? Das Beobachten, Fotografieren und Füttern von Wildtieren wird heute als angemessene Wildnutzung angesehen, nicht das Töten. Ja, man scheut sich nicht, das Tier mit dem Menschen rechtlich und ethisch gleichzusetzen, und kaum einer wagt dem zu widersprechen.

Wir Jäger liegen mit der Liebe zur Kreatur nur allzu oft im Trend der Zeit: Wir bewundern den Amateurbiologen Meynhardt, der in seinem Revier in der ehemaligen DDR über eine Ablenkfütterung als gleichberechtigtes Mitglied in einer Schwarzwildrotte aufgenommen wurde, wir füttern die sogenannten Heuler in den Seehundaufzuchtstationen groß, ziehen verwaist gefundene Rehkitze und Frischlinge in den Forsthäusern auf und freuen uns, wenn in der Notzeit ein Stück Schwarzwild das Futter aus der Hand frißt.

Der kluge und streitbare Pater Dr. Streithofen sagte anläßlich des Bundesjägertages 1989 wörtlich: „Es ist falsch und ein Zeichen von Dummheit, wenn heute manche Zeitgenossen keinen Unterschied im Verhalten von Mensch und Tier sehen." Nicht daß ich einer Hinwendung zu den barbarischen Jagdmethoden vergangener Jahre das Wort reden möchte, aber ich meine, wir Jäger müssen uns einer gewissen Gefühlsduselei erwehren, wenn es darum geht, überhöhte Wildbestände einzuregulieren.

Man mag zur Jagd stehen wie man will, sie ist in unserer umstrukturierten, sich ständig weiterentwickelnden Welt ein sich nur wenig ändernder, konservativer und damit altertümlich wirkender Bereich menschlichen Handelns geblieben und wird es noch bleiben. Das macht sie so angreifbar. Ebenso kann man unterstellen, daß auch der Jäger von heute dem Wohlstandsdenken, dem Hang zur Bequemlichkeit, zur technischen Perfektion und einer zeitgemäßen, auch falschverstandenen Fürsorge für das Tier gegenüber nicht unempfindlich ist und diese Zeitströmungen nicht spurlos an ihm vorübergegangen sind. Wir jagen vielleicht nicht mehr mit der gleichen Mentalität wie die Jäger vor fünfzig Jahren und mehr. Trotzdem haben wir viel in unserer Einstellung zu Wild und Waidwerk aus jener Zeit übernommen.

Blicken wir einmal kurz zurück: Im Jahre 1934 wurde das Reichsjagdgesetz eingeführt. Einem Bericht der Celleschen Zeitung vom 29. Juli 1934 über die Pflichtbeuteschau (!) entnehme ich folgende Passage: „Der Grundgedanke dieses Gesetzes ist die Pflege wahrhaft edlen Waidwerks. Auf die hegerische Betreuung der Wildbestände kommt es in erster Linie an ... Die Pflicht der Winterfütterung des Wildes besteht für jeden Jäger ... Immer wieder ist das Hegen die wichtigste Aufgabe!“ Hat dieser Hang zum Hegen nicht auch zu den heutigen hohen Schalenwildstrecken geführt, die weit über denen der Vorkriegszeit liegen?

Die Überbetonung der jägerischen Hege ist sicher auch einer der Gründe, weshalb wir nicht nur auf dem Gebiet der Bundesrepublik, sondern ohne Zweifel auch auf dem der ehemaligen DDR zu überhöhten, überhegten und unterbejagten Schalenwildbeständen gekommen sind. Die Verbesserung der Äsungsbedingungen durch die Intensivierung der Landwirtschaft, der Stickstoff- und Düngereintrag aus der Luft, mehrere milde Winter, übetriebene Winterfütterung und bestimmte Waldbewirtschaftungsformen (Kahlschlag, Kalamitäten) haben zu einem Ansteigen der Schalenbestände geführt. Aber auch umweltunabhängige Populationsschwankungen beim Schalenwild, die Beunruhigung der Reviere und bestimmte Überlebensstrategien des Wildes mögen Gründe für ein Anwachsen der Bestände sein.

Rasch ein Wort zur Winterfütterung: Nicht die Wildfütterung an sich ist schlecht, sondern der Mißbrauch, der mit ihr getrieben wird. Nach meiner Auffassung sollte eine Fütterung ganz unterbleiben, wenn es noch genügend natürliche Äsung gibt. In Notzeiten muß jedoch gefüttert werden. Die klassische Definition beschreibt die Notzeit als die Zeit, in der das Wild nicht mehr genügend natürliche Nahrung findet. Hier ist die Fütterung als eine Überlebenshilfe für das Wild anzusehen, wo jeder Schuß zu unterbleiben hat.

Leider ist es in der Praxis jedoch so, daß während der Jagdzeit Unmengen der verschiedensten Futtersorten in den Wald gekarrt werden, um dem Nachbarn das Wild wegzulocken. Die Futterstellen werden zu ‚Hinrichtungsstätten‘. Nach dem 1. Februar, also nach Ende der Jagdzeit, wird jedoch kaum noch gefüttert, obwohl es das Wild dann am nötigsten hätte. Auch in der Notzeit sollte das Futter als Erhaltungsfutter gegeben werden, also Heu, Rüben und wenig Kraftfutter. Fütterung als Überlebenshilfe hat nichts mit Mastfutter zum Erzielen starker Trophäen zu tun. Eine sachgerechte Fütterung kann, und das ist wissenschaftlich erwiesen, zur Verhütung von Schäden durch das Wild im Walde beitragen. Voraussetzung ist, daß in der Notzeit ausreichend und regelmäßig gefüttert wird.

Gegen den Fütterungsmißbrauch ist schon viel getan, wenn sich die Mitglieder einer Hegegemeinschaft verpflichten, außerhalb der Notzeit nicht zu füttern und keine Ansitzmöglichkeiten (Hochsitze u. ä.) in der Nähe der Fütterungen zu errichten.

Eines ist jedenfalls sicher: Die von den Jagdbehörden genehmigten Abschußpläne haben häufig mehr dem Ziel einer pfleglichen Schonung der vorhandenen Wildbestände gedient, als einer aufkommenden Überhege entgegenzusteuern. Lassen Sie mich dazu ein kleines Beispiel bringen: Der Pächter einer Gemeindejagd von knapp 300 Hektar Größe trägt der Jagdbehörde vor, daß er in seinem Revier sechs Knopfböcke beobachtet habe und diese über den festgesetzten Abschußplan hinaus schießen möchte. Nach langem Warten erhielt er endlich den Bescheid: Der Abschuß eines (!) weiteren Bockes der Klasse III sei genehmigt mit der Auflage, auch noch ein weiteres weibliches Stück Rehwild zu schießen. Als das amtliche Schreiben bei dem wackren Rehwildheger eintraf, hatte er allerdings fünf der Knopfböcke bereits der Wildbahn entnommen!

Man hatte und hat beim Ausstellen von Abschußplänen nicht nur das Problem, den vorhandenen Wildbestand einigermaßen sicher zu schätzen. Häufig hat auch die derzeit hohe Vermehrungsrate beim Schalenwild zu einem Überschreiten der vom Biotop her tragbaren Wilddichte geführt, was bei der Abschußfestsetzung lange nicht berücksichtigt wurde. So fordert man nun – und das nicht nur von seiten der Jagdgegner und der Waldbesitzer – eine Abkehr von traditionellen Jagdmethoden, eine Anwendung effektiver, unkonventioneller Regulierungsmethoden, eine Liberalisierung der Abschußrichtlinien und der Jagdarten, eine Verminderung des Jagddruckes, Aufhebung und Verkürzung von Jagdzeiten, Wiedereinführung des Schrotschusses auf Rehwild und anderes mehr.

Es ist doch nicht zu leugnen, daß sich die Jäger redlich und mit großen Anstrengungen bemühen, die Wildbestände in den Griff zu bekommen. Doch vielerorts werden die Strecken immer größer und das Problem nicht kleiner. Wenn wir das Thema Wilddichte diskutieren, müssen wir stets die Abschüsse der vergangenen Jahre und Jahrzehnte vor Augen haben. Rufen wir uns einmal beispielhaft ins Gedächtnis zurück, wie es in meinem Heimatkreis, dem Landkreis Celle aussah: Bei einer Größe von rund 155 000 Hektar wurden 1940 zweihundert Stück Rotwild und zwanzig Sauen geschossen. Heute kommen etwa 1300 Stück Rotwild und knapp 2000 Stück Schwarzwild zur Strecke. Das ist das Sechseinhalbfache beim Rotwild und das Zwanzigfache beim Schwarzwild! Man braucht gar nicht darüber streiten, was tragbar ist oder nicht. Fest steht, daß ein Reduzierungsabschuß weder die eine noch die andere Wildart in ihrer Existenz gefährdet und daß es mit einem weiteren Anwachsen der Wildbestände – auch in anderen Landstrichen – nicht endlos weitergehen kann. Was ist zu tun?

Rehwild

Beim Rehwild ist unbestritten, daß wir in Deutschland mehr Rehe zur Strecke bringen als je zuvor. Auch haben noch so detaillierte Abschußpläne nicht zu einer Qualitätsverbesserung geführt, weder beim Wildbretgewicht noch bei den Gehörnen. Um so bemerkenswerter ist die Tatsache, daß gerade in dieser Zeit mehrere neue Bücher über das Rehwild erschienen sind (Autoren: B. Hespeler, W. Osgyan, O. Fricke/ J. Menzel, F. Kurt), die, wie ich fürchte, auch keinen Wandel bewirken werden. Der Tenor moderner Rehwildhege lautet: Zahlabschuß vor Wahlabschuß!

Wenn dafür als Begründung bei den Rehböcken angegeben wird, man könne die Böcke in freier Wildbahn ohnehin nicht auf ihr Alter ansprechen, so halte ich dies für sehr dürftig. Wenn mir bei einem Einstellungsgespräch ein Berufsjäger offenbarte, daß er einen Rehbock draußen nicht auf sein Alter ansprechen könne, so bekäme dieser die ausgeschriebene Stelle gewiß nicht. Man sollte nicht alles, was wir über Verfärbungs- und Fegetermine, über Maske, Muffelfleck und Statur gelernt haben, pauschal verdammen, nur weil es in der Natur mal hier und da Ausnahmen von der Regel gibt. Auch suche ich in meinem Revier seit Jahren vergebens nach den von den Rehwildpäpsten versprochenen starken Böcken, obwohl unser Rehwildbestand Jahr um Jahr deutlich abnimmt. Aber lassen wir das! Wenn aber auch bei einer differenzierten Einteilung des Abschusses in Alters- und Güteklassen und bei einem der Zahl nach festgesetzten Abschußsoll unter dem Strich nichts herauskommt, warum läßt man dann nicht gleich von all dem?

Deswegen, meine ich, sollte man wenigstens in einem Bundesland oder in einer Forstverwaltung einmal den Versuch wagen, das Rehwild nicht mehr nach dem Abschußplan bisheriger Art zu bejagen. Das soll keine Kapitulation vor dem Zeitgeist und Hinwendung zu jagdlicher Anarchie sein; aber fest steht, daß die Jagdbehörden gerade beim Rehwild weder den angeordneten Abschuß durchsetzen noch ein Überschreiten des Solls verhindern können. Das Beispiel Schwarzwild, das ohne Plan bejagt wird, zeigt sehr deutlich, daß mit einfachen Bejagungsrichtlinien eine sinnvolle Bewirtschaftung möglich ist und die Wildart nicht an den Rand der Ausrottung getrieben wird. Im Gegenteil, gerade bei dem ‚vogelfreien' Schwarzwild müssen wir mehr und mehr auf höhere Abschußzahlen drängen.

Rehwild benötigt einen relativ kleinen Lebensraum, und nur die jungen Stücke wandern über größere Entfernungen. So ist hier mehr als bei anderen Wildarten die Eigenverantwortung des Revierinhabers gefragt. Schießt jemand mehr Böcke, als das Revier zuläßt, und läßt er keinen Bock mehr alt werden, so wird er bald erkennen müssen, wohin das führt. Ich hörte kürzlich von einem Bekannten, der auf einen Rehbock eingeladen war und leider nicht zu Schuß kam. Das Revier war leer, die Pächter fuhren mit ihren Geländewagen die Feldwege auf und ab, um noch irgendwo einen Gehörnten zu erwischen, aber der Druck der vielen Gäste hatte zum Ausverkauf geführt. Irgendwann wird es auch diesen Jägern dämmern, was sie falsch gemacht haben.

Trophäenschauen halte ich beim Rehwild auf Kreisebene für überflüssig. Die Abschußergebnisse sollten auf Hegeringebene besprochen und analysiert werden. Nur aus der Kenntnis der örtlichen Verhältnisse lassen sich Hinweise für eine künftige Abschußgestaltung finden.

Von der Verlängerung der Jagdzeit auf den Rehbock halte ich nichts, denn es werden Böcke genug geschossen – ob sie nach dem Abschußplan frei sind oder nicht. In deutschen Revieren stehen nicht zu viele Böcke, sondern zu viele Ricken. Und die bewirken den Zuwachs. Wenn auf der Drückjagd einmal versehentlich ein Rehbock in der Schonzeit zur Strecke kommt, so sollte man daraus nicht einen Staatsakt machen. Ich habe es einmal erlebt, daß ein Mitglied des Jägerschaftsvorstandes, der fahrlässig bei einer Drückjagd im Winter einen Rehbock geschossen hatte, spontan sein Ehrenamt niederlegte. Ich hielt das für überzogen und albern, denn es war ja kein Vorsatz im

Spiel. Wie viele Diplomaten, Präsidenten und höhere Staatsdiener hätten da schon ihren Hut nehmen müssen?

Wenn man schon beim Rehbock das Alter nach dem Unterkiefer nicht hinreichend genau ansprechen kann, gerät die Besprechung von Gehörnschauen leicht zur „postmortalen Klugscheißerei“.

Auch sollten die Diskussionen über die Wiedereinführung des Schrotschusses auf Rehwild möglichst bald verstummen. Wir Jäger sind heute technisch so perfekt ausgerüstet, daß wir das Rehwild auch ohne Wilddiebspatronen (Posten!) rasch, sicher und schmerzlos töten können. Dies insbesondere auch auf Ansitzdrückjagden, bei denen Rehwild auf alle Kugelschußentfernungen kommen kann, und nicht nur flüchtig, sondern zumeist mehrmals verhoffend. Wer stets auf das schwächste Stück und nicht die Leitgeiß schießt, wird kaum etwas verkehrt machen.

Schwarzwild

Wie schon gesagt, Schwarzwild wird bei uns ohne Abschußplan bejagt. Der hemmungs- und wahllose Abschuß in den Nachkriegsjahren, der mehr eine Schadwildbekämpfung denn eine Schalenwildbejagung war, führte zu einer Verschlechterung der Sozial- und Altersklassenstrukturen dieser in Familienverbänden lebenden Wildart. Häufiger Abschuß führender Bachen führte zu einer Qualitätsminderung (Verzwergung). Reife Keiler wurden selten. So sollte und konnte es nicht weitergehen. Da es staatlichen Stellen nicht opportun erschien, sich öffentlich für die Hege der Wildschweine einzusetzen, blieb es den Jägern selbst überlassen, eigene Abschußrichtlinien zu verfassen und die Schwarzwildjäger auf freiwilliger Basis zur Einhaltung dieser Konzepte zu verpflichten. Eines der bekanntesten ist das „Lüneburger Modell“.

All diesen Modellen, die sich im Wesentlichen sehr ähnlich sind, sind zwei Grundzüge gemeinsam: Einmal sind Stücke über einem bestimmten Gewicht (z. B. 50 kg) zu schonen, und zweitens werden Bachen und Keiler nur in einem begrenzten Umfang freigegeben. Niemand kann bestreiten, daß die konsequente und loyale Anwendung der in den Modellen verankerten Grundsätze zu einer Verbesserung der Qualität der Sauen geführt hat, wenngleich reife Keiler vielleicht nicht in dem Umfang zur Strecke kamen, wie ihn sich die Gründergeneration erhofft hatte. Unbestritten ist jedoch auch, daß in allen Bundesländern der Schwarzwildbestand stark angestiegen ist, was man unschwer an den Streckenergebnissen ablesen kann.

Ein wesentlicher Grund für diesen Anstieg dürfte m. E. das bewußte Schonen der Bachen sein. Vom waidmännischen Standpunkt aus betrachtet, sicher eine lobenswerte Tatsache. Aber auch hier überwiegt der Gedanke der Hege vor dem der zahlenmäßigen Begrenzung. Kommen noch günstige Umweltbedingungen für das Schwarzwild hinzu, ich denke da nur an die guten Eichelmasten der letzten Jahre, milde Winter, Ausbleiben einer langanhaltenden Schneedecke, bedeckter Himmel während der Vollmondphasen u. a., so müssen die Bestände überdurchschnittlich anwachsen. Die gute Eichelmast aus dem Jahre 1989 hat im südlichen Niedersachsen zu einer hohen Reproduktionsrate im Frühjahr 1990 geführt. Fast alle körperlich entwickelten Frischlingsbachen, die am 1. April zu Überläufern aufrückten und nach diesem Termin als Überläuferbachen zur Strecke kamen, hatten Frischlinge in der Tracht. Ich sah neben führenden Überläuferbachen in den vier Großrotten auch Rotten, bestehend aus drei bis vier Jährlingsbachen, die zusammen bis zu zwölf Frischlinge führten.

Schon für das Jagdjahr 1989/90 und in weiser Voraussicht auch für die kommenden Jagdjahre hatte der Niedersächsische Minister für Ernährung, Landwirtschaft und Forsten in einem Erlaß bestimmt, daß alle Gewichtsbeschränkungen, wie sie durch freiwillige Absprachen und Vereinbarungen in Hegegemeinschaften getroffen waren, landeseinheitlich auf mindestens 60 kg zuzüglich einer Toleranzgrenze von 10 % festgelegt wurden. Unverständlicherweise hat der Erlaß einzelne Hegegemeinschaften nicht davon abhalten können, weiter Gewichtsbeschränkungen beim Abschuß von Überläufern und Frischlingen von 25 bzw. 30 kg zu empfehlen.

Doch mit der Aufhebung von Gewichtsgrenzen ist es insbesondere in Gebieten mit hohem Schwarzwildvorkommen nicht getan. Hier kommt als bestandesregulierende Maßnahme auch der Bachenabschuß in Betracht, um den anzusprechen wir uns nicht drücken können. Es ist schon ein wenig merkwürdig, wie wir das Schwarzwild betrachten: Da werden auf den Drückjagden Alttiere von Rot- und Damwild geschossen – ob immer nichtführend, sei dahingestellt, da muß im Herbst der Rickenabschuß erfüllt werden, nur wenn eine Bache auf der Strecke liegt, wird die Nase gerümpft. Im Ausland ist der deutsche Jäger weniger pinselig; da werden – gegen Gebühren – in Polen, Ungarn, aber auch in der Türkei oder in Tunesien Bachen geschossen, daß es nur so kracht. Die Jagdveranstalter sehen das gar nicht so ungern, wissen sie doch, daß nur auf diese Weise die Bestände in Grenzen zu halten sind. Also, waidmännisch soll es schon zugehen beim Bachenabschuß. Aber es ist kein Vergehen, auf etwa 25 gestreckte Frischlinge und Überläufer eine Bache zum Abschuß freizugeben.

Der Bachenabschuß ist nicht nur mit Straßenverkehrsopfern und mit der Entnahme von überalterten Stücken oder solchen, die zur Unzeit frischen, zu erfüllen. Es ist auch vom waidmännischen Standpunkt durchaus zu vertreten, neben nichtführenden Bachen aller Altersstufen auch solche zu erlegen, deren Frischlinge im Dezember/Januar im Wildbret schon so stark sind, daß sie keiner Führung mehr bedürfen. Warum sollten solche Frischlinge noch der Obhut der Mutter bedürfen, wenn sie sich schon munter an der Rausche beteiligen? Solche Auslese wird man nicht nur auf der Einzeljagd treffen können; auch hierzu bietet sich die Ansitzdrückjagd an, denn, und das sage ich aus meiner ganz persönlichen Empfindung heraus, bei einer Gesellschaftsjagd ist die Hemmschwelle, eine Bache zu schießen, ungleich niedriger als bei der stillen Einzeljagd. Wenn Bachen auf der Drückjagd freigegeben sind, dann ziehe man – bitte schön – auch nicht über den Erleger einer solchen her und zerre ihn nicht vors Jagdgericht, nur weil es früher einmal so üblich war.

Im Sommer und Frühherbst bleibt uns nichts anderes übrig, als früh und stark in den Frischlingsbestand einzugreifen. Als wir für unsere Jägerschaft den frühzeitigen Abschuß von Frischlingen ohne Rücksicht auf ihre Verwertbarkeit empfahlen, erhielt ich böse Anrufe von gewiß nicht schlechteren Jägern, die sich ob solchen geplanten ‚Kindermordes' beschwerten. Aber man muß sich darüber im klaren sein, daß man eine Frischlingsgeneration nur dann fast vollständig zur Strecke bringen kann, wenn man sie bei jeder sich bietenden Gelegenheit schießt. Oder möchte man lieber, wie es im östlichen Teil unseres Vaterlandes hier und da geschah, die Frischlinge in Saufänge locken und dann einfach erschlagen?

Rotwild

Rotwild kommt in unsrem Lande in so unterschiedlicher Dichte und Verbreitung vor, daß ich nur zu den Gebieten mit hohen oder überhöhten Beständen etwas anmerken möchte, denn nur dort gibt es Probleme. Ich glaube, es hat sich seit einiger Zeit die Erkenntnis durchgesetzt, daß man eine vernünftige Rotwildbewirtschaftung nicht auf Reviereebene, sondern nur auf großer Fläche, die den abgrenzbaren Lebensraum eines bestimmten Rotwildvorkommens umfaßt, betreiben kann. In meinem Heimatkreis wird beispielsweise für das gesamte Rotwildvorkommen des Kreises ein Rahmenabschußplan erstellt, untergliedert in die einzelnen Hegegemeinschaften und Forstämter. Für das der Hegegemeinschaft angehörende Revier gibt es keinen speziellen Abschußplan mehr. Das Rotwild kann somit dort verstärkt geschossen werden, wo es schwerpunktmäßig vorkommt.

Aber auch das konnte nicht verhindern, daß in manchen Rotwildringen der Südheide die Bestände bedenklich hoch sind und zu verstärkten Schäden in den Forstbeständen und der Landwirtschaft geführt haben.

Bei den Waldwildschäden gehe ich nicht so weit wie unlängst ein Göttinger Forstwissenschaftler, der jeden Schälschaden als untragbar bezeichnet hat. Er hat dabei nicht gesagt, daß die neuen Waldschäden und die Orkanschäden untragbar seien, die von Forstleuten mitverschuldet sind, weil man einem falschen Wirtschaftlichkeitsdenken folgend statt stabiler Mischbestände reine Fichtenbestände auf allen nur denkbaren Standorten angepflanzt hat. Doch bagatellisieren wir die Waldschäden nicht! Wo der Rotwildbestand zu hoch ist, muß er nach unten reguliert werden. Aber wie? Das Wild im Wintergatter einzufangen und alles überzählige ganz einfach totzuschießen, ist doch wohl keine Lösung, oder?

Die große Windwurfkatastrophe im Februar/März des Jahres 1990 wird in den betroffenen Gebieten zweifellos Einfluß auf die Schalenwildbewirtschaftung haben. Seit geraumer Zeit gehört es zum Ritual einer jeden forstlichen Betrachtung, auf das Schalenwildproblem hinzuweisen. Nun ist es unbestritten, daß bei der Sturmkatastrophe nicht nur gleichförmige, gleichaltrige Nadelholzbestände dem Sturm zum Opfer gefallen sind. Es waren gewiß nicht waldbauliche Fehler und falsche Baumartenwahl allein, die zu der Katastrophe geführt haben. Denn neben reinen Fichtenbeständen sind je nach der Stärke der Orkanböen auch Buchenbestände und gepflegte Mischbestände geworfen worden. Aber – und das steht außer Zweifel – es gibt genügend Beispiele, daß standortgerechte, stufige, lockere Laubmischbestände eher dem Sturm standgehalten haben als reine Fichtenbaumhölzer. Ich habe das besonders im Allgäu beobachten können, wo fast nur reine Fichtenbestände geworfen wurden, und bei der Orkan-Katastrophe 1972/73 in Norddeutschland haben wir die gleiche Erfahrung gemacht.

Die Aufgabe der Zukunft lautet für die Forstleute also, künftig stabilere, standortgerechte Mischwälder aufzubauen. Das kann sie sicher nicht bei zu hohen Schalenwildbeständen, auch wenn die meisten Laubbaumkulturen im Zaun errichtet werden müssen. Es ist auch für die Glaubwürdigkeit der Forstwirtschaft unverzichtbar, daß sie im Rahmen ihrer Möglichkeiten alles unternimmt, um Wald und Wild in Einklang zu bringen beziehungsweise zu halten. Dazu gehört, daß die Wildbestände auf ein tragbares Maß eingependelt werden. Dazu gehört aber auch, daß bei dem Neubeginn nicht jeder verfügbare Quadratmeter wieder zugepflanzt und eingezäunt wird. Ein Anteil von einem Prozent Holzbodenfläche sollte dem Wild als Äsungsfläche erhalten oder neu geschaffen werden. Auch sollten Ruhezonen entstehen, in denen gerade Rot- und Rehwild ihrem natürlichen Lebensrhythmus nachgehen können. Nur so lassen sich übermäßige Wildschäden vermeiden.

Selbst die, die es mit dem Rotwild gar nicht so gut meinen, beklagen den hohen Jagddruck auf diese sensible Wildart und plädieren für eine kürzere Jagdzeit. Intervalljagd heißt das Schlagwort, was heißen will, daß Zeitabschnitten mit hoher Jagdintensität solche mit weitgehender Jagdruhe folgen sollen. Nicht überall ist solches Konzept anwendbar. Mancherorts wird man während der langen Jagdzeit jede sich bietende Gelegenheit nutzen müssen, um den Abschußplan zu erfüllen oder möglichst überzuerfüllen.

Beginnen wir am 1. Juni. Jetzt sind Schmaltiere und Spießer frei. Eine günstige Gelegenheit, alles Schwache und Verwaiste an Kälbern des vergangenen Jagdjahres auszulesen und schon einen beträchtlichen Teil der Gesamtstrecke auf der Habenseite zu buchen. Und dabei sollte man eben nicht nur die Schmaltiere aus den Kleinstrudeln Alttier – Kalb – Schmaltier schießen, denn das sind zumeist die stärksten und gesundesten Stücke, sondern bewußt in den Großrudeln die schwachen Rudelmitglieder aussuchen.

Es ist eine Binsenweisheit, daß der Abschuß des weiblichen Wildes für die zahlenmäßige Bestandsentwicklung und -begrenzung von größter Wichtigkeit ist. Mit dem verstärkten Abschuß an weiblichem Wild allein ist es nicht getan. Wir haben in der Südheide nach einem sonst üblichen Abschuß von männlichem zu weiblichem Wild von eins zu eins in den vergangenen Jahren bewußt mehr weibliches Wild geschossen. Ergebnis: Die Rudel der jungen und mittelalten Hirsche wurden immer stärker und bildeten ein Problem. Wo nämlich die natürliche Trennung von Hirsch- und Kahlwildrudeln noch gegeben ist, können die auftretenden Hirschrudel in den Wäldern erheblichen Schaden anrichten. Bedenkt man noch weiter, welche Beschränkungen dem Rotwildjäger im allgemeinen durch die Abschußrichtlinien auferlegt sind, so muß man erkennen, daß zu einer Gesamtreduzierung auch der verstärkte Abschuß von Hirschen gehört.

Selbstverständlich müssen wir dabei an die Jäger appellieren, aus einem Hirschrudel nur stets das schwächste Stück zu erlegen, und bei dem Eingriff in die Mittelklasse wird erwartet, daß dieser verstärkt im unteren Bereich dieser Klasse erfolgt. Mit anderen Worten: Es soll der Drang nach stärkeren Trophäen gezügelt werden, damit reife, alte Hirsche heranwachsen können.

Jedoch können wir beim Rotwild nicht wie bei Rehwild nach dem Motto ‚Zahl vor Wahl' verfahren. Wenn heute ein Wildbiologe durch die Lande reist und erklärt, daß die Stärke des Geweihes allein von der Ranghöhe des Individuums abhängig sei und weniger von anderen Faktoren, etwa der Vererbung, so wage ich zu widersprechen. Mag sein, daß die Höhe der Spieße bei einem Schmalspießer von dem Rang des Alttieres im Rudel abhängig ist, fest steht – und dafür habe ich genügend Beweise –, daß die Spießer mit hohen und kräftigen Spießen in der Regel wesentlich stärker im Wildbret sind als die Knopfspießer und daß Mängel in der Körperentwicklung bei Jungtieren auch im Laufe ihrer weiteren Entwicklung nicht aufgeholt werden. Aber einige Ideologen, denen es im Laufe ihres Lebens sicher nicht vergönnt war, einmal einen guten Hirsch zu schießen, möchten uns ja weismachen, daß wir das Wild künftig nicht nach Geweihmerkmalen, sondern nur nach Alterskriterien zu schießen hätten. Sie meinen auch, es wäre unzulässige Zuchtwahl, wenn wir das Wild nach körperlichen Gesichtspunkten auswählen. Wir hätten also nicht mehr darauf zu achten, ob ein Stück im Wildbret stark oder schwach sei, denn nur so könnten wir eine Genvielfalt erhalten.

Die Begründung wirkt krampfhaft und komisch zugleich: Eine Auslese nach Körperstärke fördere übermäßig das Skelettwachstum. Ein stärkeres Skelettwachstum wiederum schwäche den Kreislauf und beeinträchtige das Nerven- und Atmungssystem negativ. Ich habe zwar noch kein starkes Stück Rotwild mit solchen Mängeln in freier Wildbahn gesehen, vermute aber, daß der betreffende Wissenschaftler von ausgesprochenem Zwergenwuchs sein muß.

Nun, ich meine, so kann man uns den vielgeschmähten Trophäenkult nicht austreiben. Natürlich spielt die Trophäe im Jagdbetrieb noch eine Rolle, und sie wird es immer tun, solange in deutschen Revieren gejagt wird. Jagdgegner aller Schattierungen, zu denen leider auch Wildbiologen gehören können, wollen uns weismachen, daß wir Jäger alter Art unfähig seien, die Wildbestände sachgerecht zu bejagen. Wir könnten ja nicht einmal, so sagen sie, das Alter der Böcke und Hirsche vor und nach dem Schuß richtig ansprechen. Wir könnten uns weder von dem Blick auf die Trophäe lösen noch die ökologischen Zusammenhänge im Revier erkennen. Fazit: Weg mit der traditionellen Jagd, „neue Jäger braucht das Land!“ Vom Staat angestellte Wildbestandsregulatoren sollen das Wild schießen, und sie sollen möglichst keine Freude dabei empfinden, sonst wären sie ja kaum von den herkömmlichen Jägern zu unterscheiden.

Mit Aufgang der Hirschjagd am 1. August sollte der Kahlwildabschuß ruhen. Um so leichter läßt sich bei weniger beunruhigtem Kahlwild der Hirschabschuß erfüllen. Einem Hirschgast – noch dazu auf einen Erntehirsch – als Zugabe ein geflecktes Rotkalb zum Abschuß freizugeben, halte ich weder für erforderlich noch für eine Geste guten jagdlichen Stils. Stark kann man mit Ende der Brunft, also so um den 1. Oktober herum, mit dem Abschuß des weiblichen Wildes beginnen.

Die Ansitzjagd ist, das sagte ich schon, ein geeignetes Mittel, rasch zu hohen Abschußzahlen zu gelangen. Insbesondere dann, wenn sie in mehreren miteinander verbundenen Revieren gleichzeitig durchgeführt wird. Die teilnehmenden Schützen sollten jedoch rotwilderfahren sein. Es ist der Sache wenig dienlich, wenn Wild unbeschossen bleibt, weil der Schütze sich mangels Erfahrung nicht zu schießen wagt oder ein anderer hemmungslos in die Rudel hält. Auch eine sich über mehrere Morgen- und Abendansitze erstreckende Ansitzjagd mit einer größeren Anzahl von Schützen kann einen guten Erfolg bringen und nicht einen ständigen Jagddruck auf das Wild ausüben. Intensive Jagd an bestimmten Wochenenden unter Beteiligung einer großen Schützenschar bringt nicht nur einen spürbaren Erfolg, sondern eröffnet auch eine größere Jagdmöglichkeit für revierlose Jäger.

Es kann der Entwicklung des Jagdwesens nur förderlich sein, wenn wir das Verhalten der Jäger und das bisherige Jagdsystem bewahren, Überholtes über Bord werfen und uns Neuem nicht verschließen. So werden die Jäger wieder die Anerkennung in der Gesellschaft finden, die sie einst hatten und die sie brauchen. Das Wild als Teil unserer Lebensgemeinschaft wird erhalten bleiben, wenn wir uns als Jäger mehr als bisher der ökologischen Seite der Jagd zuwenden. Dazu gehört, daß wir uns mehr als bisher bemühen müssen, umfangreiche Kenntnisse über die Faktoren, Zusammenhänge und Abläufe in den Ökosystemen zu erlangen. Wenn wir über Ökologie und Naturschutz kompetent mitreden wollen, brauchen wir solches Fachwissen. Wir können nicht weiter nach dem Motto verfahren ‚Naturschutz auf den Lippen, Jagd im Herzen!' Jägerische Verantwortung für die Natur heißt nicht nur Sorge um das jagdbare Wild, sondern Verantwortung für die gesamte Fauna und Flora.

Durch den Kauf und die Pflege geeigneter Flächen kann die Jägerschaft besondere Biotope langfristig sichern, in ihrem ursprünglichen Zustand erhalten oder im erforderlichen Maße verbessern. Jagen muß dort erlaubt sein, wo eine schonende, nachhaltige Nutzung des Wildes bei gleichzeitigem Schutz der Lebensräume möglich ist, ohne daß eine Wildart im Bestand gefährdet wird. Letzteres heißt dann auch, Einschränkungen in Kauf zu nehmen. Beispielsweise müssen auch Schalenwildbestände dort reduziert werden, wo der Zustand des Waldes es erfordert. Nur so wird der Wald Heimstatt des Wildes bleiben und der Konflikt zwischen Wald und Wild hoffentlich endgültig entschärft werden.